放射性废物处置系列丛书

我国高放废物深钻孔处置技术可行性研究

主　　编　王旭宏　杨球玉　吕　涛　李星宇
编制组成员　王　馨　侯　伟　殷　玥　夏加国
李　昶　赵焕梅

中国原子能出版社

图书在版编目（CIP）数据

我国高放废物深钻孔处置技术可行性研究 / 王旭宏等主编. —北京：中国原子能出版社，2019.12
ISBN 978-7-5221-0190-3

Ⅰ. ①我… Ⅱ. ①王… Ⅲ. ①放射性废物处置–地下处置–研究 Ⅳ. ①TL942

中国版本图书馆 CIP 数据核字（2019）第 260181 号

我国高放废物深钻孔处置技术可行性研究

出版发行 中国原子能出版社（北京市海淀区阜成路 43 号 100048）
策划编辑 王 丹
责任编辑 左浚茹
装帧设计 崔 彤
责任校对 冯莲凤
责任印制 潘玉玲
印　　刷 北京厚诚则铭印刷科技有限公司
经　　销 全国新华书店
开　　本 787 mm×1092 mm 1/16
印　　张 10.5
字　　数 200 千字
版　　次 2019 年 12 月第 1 版 2019 年 12 月第 1 次印刷
书　　号 ISBN 978-7-5221-0190-3 **定 价** **128.00** 元

网址：http://www.aep.com.cn **E-mail：atomep123@126.com**
发行电话：010-68452845

前　言

在众多放射性废物处置工程中，高水平放射性废物（高放废物）的处置因其具有放射性水平高、释热量大等特点，一直是极具挑战性的一项工作。经过国际数十年的探索，深地质处置方式被公认为可为高放废物提供最终的安全处置场所。

同大家较为熟悉的矿山式深地质处置相比，本书所介绍的深钻孔处置是近年来在国际上重新得到重视的一种深地质处置方式。深钻孔处置基本处置概念为在稳定的结晶岩地区向下钻出深 4～5 km、直径 400～800 mm 的处置钻孔，将高放废物放置在钻孔底部 1～2 km，并使用膨润土、水泥、混凝土等材料对处置段上部进行密封回填，进而实现对高放废物的包容和与人类生物圈的隔离。美国、英国等国家均对深钻孔处置开展了一系列的研发论证工作。

本书编者从 2009 年开始即已关注到深钻孔处置的发展前景，全面调研了深钻孔处置的国际发展现状，并经过数年的研究结合我国高放废物深地质处置发展策略、工作进展、国内可供选择的场址条件及我国钻井工艺发展水平等，对该处置方式在我国应用的可行性进行了论证与探讨。

现将相关研究成果编撰形成本书，以供从事放射性废物处置的各位同行阅读，期望可以为大家的工作思路提供一些新的参考与帮助，为我国高放废物处置事业的发展贡献一份力量。书中某些特定部分也引用或摘录了网上部分单位、机构和专业人员的资料内容，在此对各位表示衷心的感谢！

由于时间仓促，作者水平有限，书中难免有错误、纰漏之处，敬请广大读者批评指正。

编　者

2019 年 10 月

目　录

1

引　言

自核技术开始规模商业化应用以来，核燃料循环产生的放射性废物累积量也在快速持续增加，其中乏燃料、玻璃固化体等高水平放射性废物（高放废物）的处理与处置为世界性难题，除了积极发展后处理技术外，寻求并建立最终处置场所，实现对高放废物的包容隔离是目前多数有核国家的基本策略，国际公认的有效处置方式为深地质处置。

深钻孔处置为20世纪50年代提出的深地质处置概念模式，基本设想是在稳定的结晶岩地区向下钻出深4～5 km、直径400～800 mm的处置钻孔，将高放废物放置在钻孔底部1～2 km，并使用膨润土、水泥、混凝土等材料对处置段上部进行密封回填。

从深地质处置对高放废物长达数万年的安全有效隔离目标来看，深钻孔处置与当前国际主流的矿山式处置（处置深度300～1 000 m）均可有效包容和阻滞放射性核素由处置区向地表生物圈的迁移。二者的主要区别在于，矿山式处置对于处置设施工程屏障完整性和长期有效性要求较高，而深钻孔处置深部地质环境的水、热、地球化学条件可有效地限制放射性核素的释放，迁移路径长，自然屏障隔离性更加突出，对工程屏障的依赖程度相对较低（图1－1）。

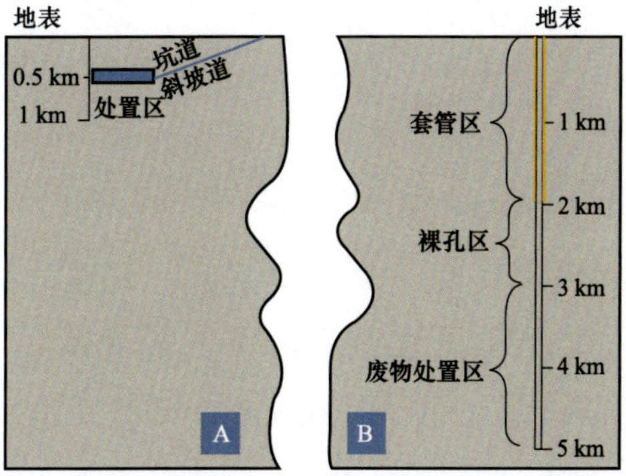

图1－1　矿山式处置（A）与深钻孔处置（B）对比图

深地质处置为一个长周期的研发过程，需要进行大量的科学与实验验证以突破解决关键技术问题，在深地质处置发展初期，由于受到当时钻探技术的限制，难以钻出数千米深、孔径满足处置需求的大直径深钻孔，而数百米深的矿山开采技术相对成熟，大多数国家将矿山式处置作为主流研发对象，如德国选择盐岩，法国选择黏土岩，瑞典、芬兰选择花岗岩等开展了一系列矿山式处置的论证研究工作，有少数国家出于对深地质处置方案优化、比选的需要，对深钻孔处置可行性进行了初步分析，研发工作相对较少。

近年来，在矿山式处置有序推进的同时，油气行业、地热、大陆科学钻探深井钻井技术快速发展，结晶岩深井钻进案例不断增加（表 1－1），为深钻孔处置技术发展带来了新的契机。

表 1－1　结晶岩深井代表性案例

国家	项目	钻井深度/m	终孔直径/m
美国	Fenton Hill	4 700	0.31
英国	Resemanowes	2 800	0.14
法国	Soultz GPK－2	约 3 700	0.216
日本	Kakkonda	3 700	0.216
澳大利亚	Copper Basin	4 300	0.216
瑞典	Gravberg－1	约 4 000	0.311
德国	KTB－HB	约 3 000	0.445
瑞士	Basel 1	约 4 000	0.25
俄罗斯	URS－4	4 600	0.216

美国在 2009 年因政治原因暂停尤卡山处置库项目后，曾花费数年时间对深钻孔处置进行重新评估，指出深钻孔处置方式具有废物隔离空间尺度大、废物释热量容许度高、模块化、灵活等特点，随着现有技术的提升在安全性或可行性方面没有根本性缺陷[1]。英国、德国、法国等放射性废物处置机构同样关注到深钻孔处置方式，认为其在处置某些特定高释热、小体积废物，及某些不具备开展矿山式处置的条件下具有潜在应用前景，深钻孔处置重回深地质处置研发视野。

将深钻孔处置与国际主流的矿山式处置类型对比如表 1－2 所示，整体而言，深钻孔处置与矿山式处置在场址条件、适宜处置对象、处置围岩要求、处置工艺设计、建设运行上各有特点，随着现有钻探技术的发展，可作为矿山式处置备选方案之一，进行相关研发工作。

表 1–2　深钻孔处置与矿山式处置主要特性对比[2]

特性	盐岩处置库	页岩处置库	花岗岩处置库	深钻孔处置
热传导性	高	低	中等	中等
渗透性	不透水	极低～低	无裂隙：极低 裂隙发育：透水	极低
力学强度	中等	低～中等	高	高
形变性能	黏塑性	弹性－脆性	脆性	脆性
围岩稳定性	可维持数十年的自稳性	需人工加强措施	无裂隙：高 裂隙发育：低	深部中等水平
应力水平	各向同行	各向异性	各向异性	各向异性
溶解性	高	极低	极低	极低
吸附性	极低	极高	中等－高	中等－高
化学环境	还原环境	还原环境	还原环境	还原环境
热传导抵抗能力	高	低	高	高
工程经验	高	低	高	低
适宜场址	广泛	广泛	中等	广泛
场址地质条件稳定性	高	高	高	高
工程屏障要求	少量工程屏障	少量工程屏障	大量工程屏障	少量工程屏障

图例：（绿色）有利特征　（蓝色）一般特征　（橙色）不利特性

我国高放废物深地质处置的初期研发工作同样围绕着矿山式处置展开，2003 年 6 月全国人民代表大会通过《中华人民共和国放射性污染防治法》，规定高水平放射性固体废物和 α 放射性固体废物实行深地质处置。2006 年 2 月国防科工委、科技部和国家环保总局公布《高放废物地质处置研究发展规划指南》，将我国高放废物地质处置的总体目标确定为 21 世纪中叶建成高放废物地质处置库。2018 年 1 月 1 日起实施的《中华人民共和国核安全法》中，又一次重申了“高水平放射性废物实行集中深地质处置”的基本策略，作为核材料和放射性废物安全的重要组成部分。目前我国矿山式处置正在进行选址、场址评价、地下实验室设计、处置库概念设计等一系列前期科研工作，在深地质处置场址调查、处置容器设计、处置热学计算等方面积累了一定技术基础，花岗岩场址地下实验室处于建设初期，黏土岩场址选址工作也开始起步，尚未确定最终的高放废物处置方案。现阶段开展深钻孔处置应用探索，可作为矿山式处置的补充研究，通过前期少量资金投入为深地质处置策略制定提供更多选择、优化方案，同时获得的研究成果（如深部地质环境资料、处置容器材料结构设计、核素迁移计算方法等）也可应用于矿山式处置、中等深度处置、废放射源钻井处置研发中，提高我国放射性废物处置的整体工艺技术水平。

在深井钻探方面，21 世纪后，随着塔里木油田、四川气田勘探开发，我国石油、天然气开采，地热资源开发和大陆科学钻探工程等领域深井与超深井钻探技术与设备制造技术大幅提高，先后完成了英深 1 井（2005 年，井深 7 258 m）、塔深 1 井（2006 年，井深 8 408 m）、莫深 1 井（2007 年，井深 7 500 m）、川科 1 井（2009 年，井深 7 560 m）、松科二井（2018 年，7 018 m）等高难度复杂深井，同样为我国发展深钻孔处置奠定了技术基础。

同时深钻孔处置的场址选择具有灵活、适应性强等特点，或可作为我国核电技术出口的重要配套措施。我国核电出口的潜在目标国绝大多数核电规划装机容量比较小、基本未开展高放废物处置库研发。这些国家具有高放废物处置需求，或因矿山式处置经济代价过大，或因地质条件限制难以找到适宜矿山式处置场址，可考虑将深钻孔处置作为解决高放废物管理的首选。深钻孔处置技术的研发将对我国核电出口发挥非常积极的作用。

2

国内外研究进展

自深钻孔处置提出以来，美国 Sandia 国家实验室、麻省理工学院（MIT），瑞典核燃料和废物管理公司（SKB）、核废物审查非政府组织办公室（MKG），英国核设施退役机构（NDA）、谢菲尔德大学等国家和机构分别给出了不同深度与孔径的处置概念模型，包括有套管衬砌和无套管衬砌、单个垂直处置孔或垂直主孔加侧向分支孔等多种形式，并进行了工程可行性与安全性论证，此外韩国、德国、日本及我国一些学者与机构也对深钻孔处置进行了相关探索，深钻孔处置概念的发展及各机构提出的代表性处置孔设计如图 2–1 所示。

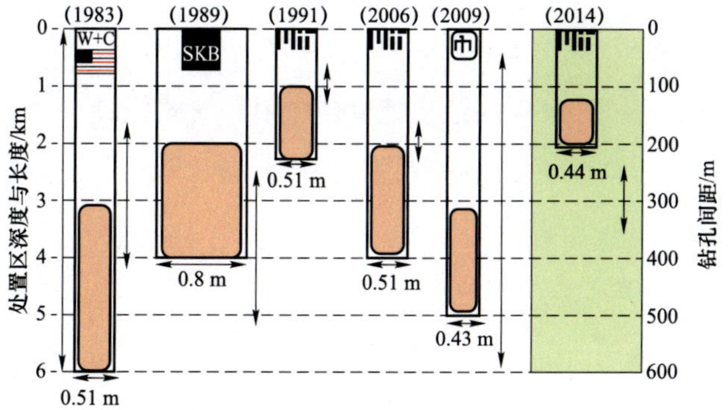

图 2–1　深钻孔处置概念设计及发展（美国 Woodward and Clyde，瑞典 SKB，美国 MIT 与美国 Sandia 实验室）[3]

2.1 国外技术现状

2.1.1 美国

美国是最早提出深钻孔处置的国家，也是当前世界范围内对深钻孔处置关注度高、开展研究工作相对深入的国家。1957年美国放射性废物处置国家科学委员会（US National Academy of Sciences Committee on Waste Disposal）提出了深钻孔处置和矿山式处置两种处置模式，在其后续半个多世纪的处置研发中，美国的高放废物处置工作重点放在了矿山式处置上[4]，深钻孔作为矿山式处置替代方案而被持续关注。

2009 年，尤卡山处置库项目停止后，美国能源部部长受美国总统之命组建美国核未来特选最高荣誉委员会（The Blue Ribbon Commission on America’s Nuclear Future，英文简称“BRC”，中文简称“蓝带委员会”），负责全面调研美国核燃料循环后端管理政策，并推荐一个新的核燃料循环后端管理战略。2010—2012 年，该委员会历经 2 年，开展了全面、公开、内容翔实的调研与评估工作，于 2012 年 1 月向美国能源部部长提交报告，报告主要结论如下：

（1）相对（矿山式处置方式）而言，深钻孔处置可能是有前景的处置方式，但是目前对该处置方式了解尚少，需要开展更为深入的研发与示范工作，全面评估其优缺点，从而可以更加全面（且更具决定性）地评估深钻孔处置方式的可行性，尤其是作为无重复利用需求的某些类废物的替代处置方案；

（2）与矿山式处置方式相比，深钻孔处置使放射性核素活动性更小，废物隔离空间尺度更大，对废物释热量容许度更高，处置设施拓展具有模块化、灵活性特点，能够与数量更多、不同类型的潜在场址相容。

2009—2017 年，在美国能源部的领导下，美国能源部 Sandia 国家实验室在深钻孔处置方面开展了全面、深入的研究工作，研究涉及设计、场址评价方法、安全评价、研发与示范的全部范围，并于 2014 年 10 月成功推动美国能源部批复了为期 5 年的深钻孔处置示范项目（Deep Borehole Field Test，DBFT），计划投入 3 500 万美元，完成 2 个深 5 km 的深钻孔试验孔，其中第 1 个深钻孔终孔直径 216 mm，第 2 个深钻孔终孔直径 432 mm。DBFT 目标为评价深钻孔处置选址及运行的可行性，建立安全全过程系统分析体系及关闭后的性能评价模型，并开展特定场址条件测试、处置容器放置技术验证、深钻孔密封回填技术验证等。该示范工程是对深部结晶岩体应用的一个重要探索，除了高放废物处置外，还可为地热能源的开发提供参考。DBFT 选址早期，分别考虑过得克萨斯州、新墨西哥州与南达科塔州的 4 个备选场址，但因地方政府的反对而一度暂停计划，随后能源部提出了新的选址策略，将公众支持作为重要决定因素并承诺示范工程场址并不等同于未来的处置场址，以此推动示范工程选址的进行。然而该项目的推进一再延期，2017 年，美国政府考虑重启尤卡山场址，DBFT 陷入停顿。

Sandia 实验室提出的深钻孔处置概念模型如图 2.1－1 所示，在结晶岩地层中（主要考虑花岗岩，上覆约 1 km 沉积岩盖层）钻进深 5 km 处置孔，其中下段 2 km 为处置段，可放置约 400 个长 5 m 的乏燃料处置容器，废物放置工作结束后，对处置段上方钻孔用混凝土、沥青、膨润土等材料进行密封回填，单个钻孔处置时间约 186 天（包括钻井、完井、废物放置、钻孔密封回填作业在内的全部过程），处置成本约 4 000 万美元[5]。

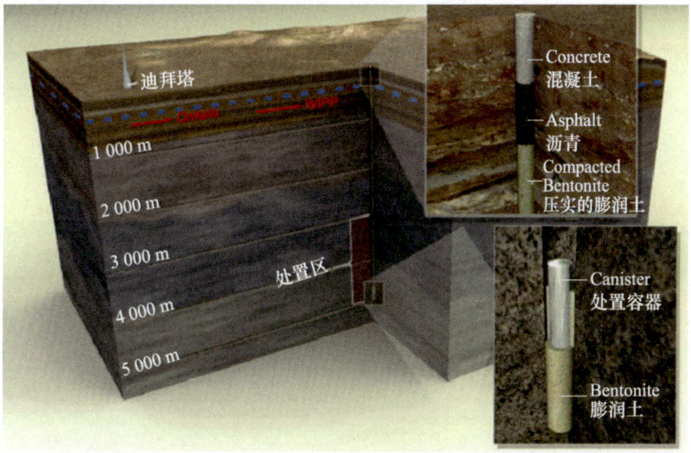

图 2.1－1　Sandia 实验室深钻孔处置概念模型

Sandia 实验室指出：深部岩体渗透性低，地下水循环缓慢，盐度和密度显著增大（图 2.1－2），地下水高密度层的存在，将有效限制核素衰变热引起的地下水从深部到浅部的对流；同时深部地质环境还原条件可以减少矿物质溶解，增强对放射性核素的吸附。整体而言，深钻孔高放废物处置安全性更高、隔离效果更好。

Sandia 实验室初步的安全评价表明结果：深钻孔处置在 100 万年内没有放射性核素进入生物圈，即使在加速劣化景象下（竖向地下水流速提高 10 倍，废物体降解速率提高 100 倍），100 万年内平均年辐射剂量仍然极小，可以忽略不计，辐射剂量贡献主要来自 ^{129}I（图 2.1－3 和图 2.1－4）。

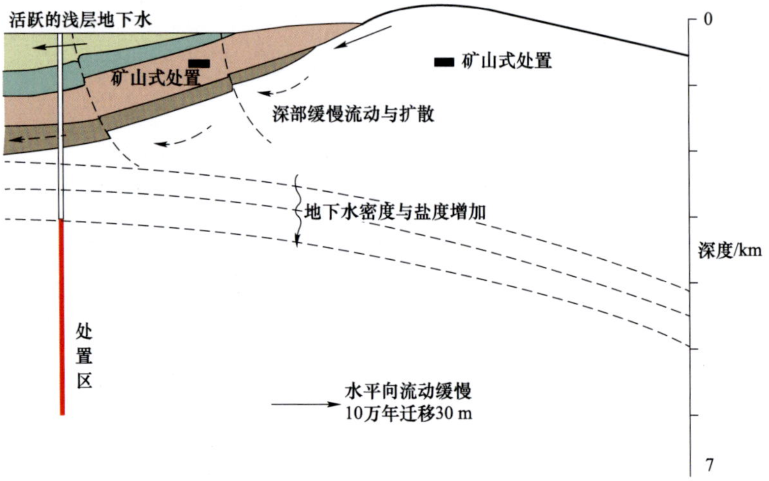

图 2.1－2　深部地下水环境

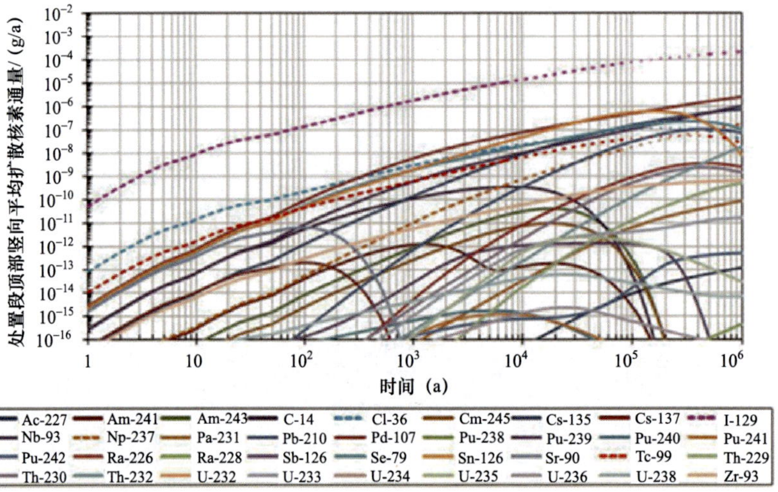

图 2.1－3　Sandia 实验室处置段顶部核素迁移计算结果

美国于 1982 年将高放废物处置可回取性纳入法规要求，在 Sandia 实验室给出的深钻孔处置参考设计中，对于如何考虑可回取问题同样进行了论证。Sandia 实验室指出，深钻孔处置钻孔与套管必须具有足够的稳定性与耐久性，使得运营期（运营期指全部钻井完成密封、地面设施退役之前的时间）能够回取废物，此外处置容器设计也为回取操作预留出安全接头。值得注意的是，在处置钻孔密封后，废物回取成本与难度将大幅提高，因此深钻孔处置方式或更适用于处置不需要回取的高放废物。

Sandia 实验室对深钻孔处置总体结论为：深钻孔参考设计及成本分析能够支持深钻孔处置概念可行性，适于处置一些小体积废物如 Cs 与 Sr 废物等。

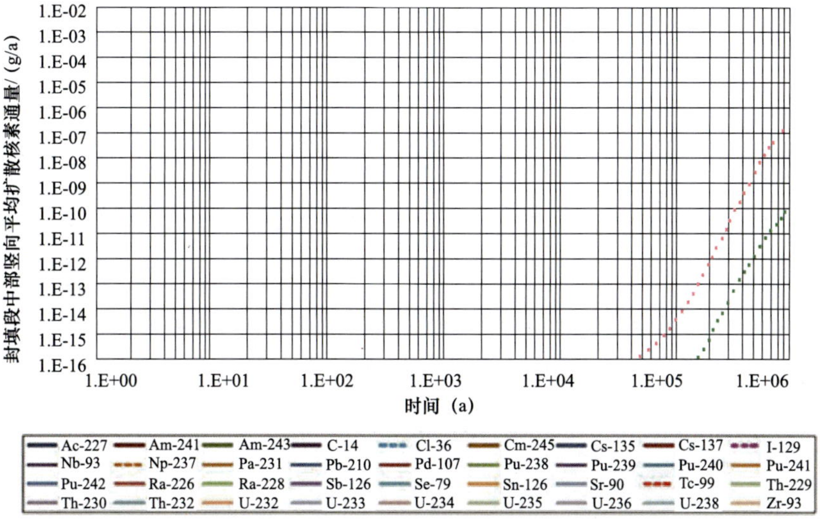

图 2.1－4 Sandia 实验室封填段中部核素迁移计算结果

美国 MIT 为深钻孔处置研究参与单位之一，自 2009 以来，MIT 基于石油天然气工业定向钻井技术，提出深钻孔丛井处置概念[6]，见图 2.1－5 和图 2.1－6，在向下垂直打出钻孔后，向侧向开拓“近水平向分支”（Laterals），将高放废物处置在近水平分支段中，从而拓展指定深度的处置空间，一定程度上降低处置成本，但该方案在套管与处置容器放置过程中或易发生卡堵事故。

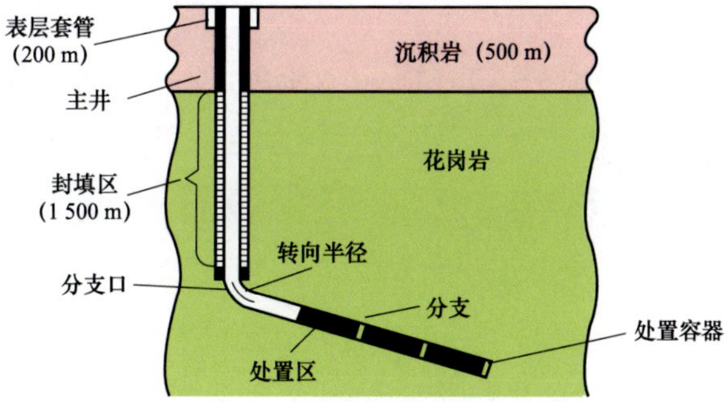

图 2.1－5 深钻孔处置丛井处置

此外，在处置废物放置工艺上，MIT 提出了“滴入式”（drop－in，图 2.1－7）放置工艺。使钻孔内充满水，然后将容器直接“滴入”深钻孔中，使其自由沉降至处置区。解析解与室内模型试验表明：处置容器自由沉降速度为 2.4～2.6 m/s，大约相当于在空气中将容器抬升 0.3 m 后自由下落的速度。因沉降速度低，足以保证容器沉降至孔底或已放入容器顶部时发生损伤的风险极小[7]。

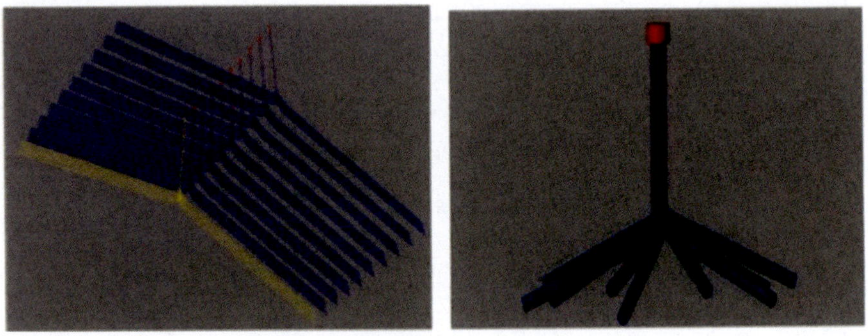

图 2.1－6　深钻孔处置双向分支（左）与多向分支（右）

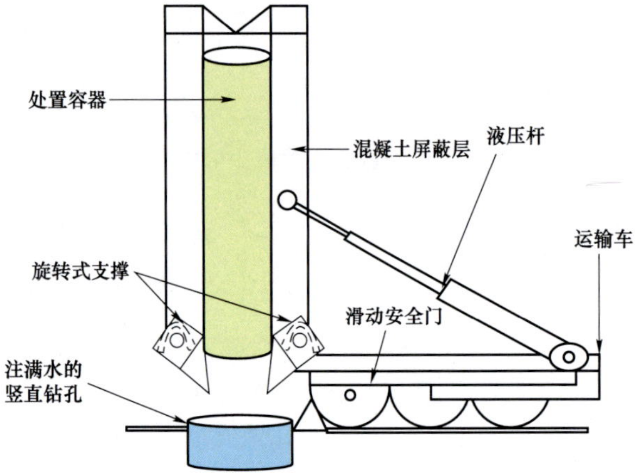

图 2.1－7　深钻孔处置“滴入式”放置概念示意图

此外，美国加利福尼亚州伯克利的 Deep Isolation 公司对深钻孔处置进行了研发与推广，根据该公司的设想，在地下钻出一条宽约 0.36 m、1.6 km 深的垂直通道，然后沿岩层水平方向钻探，水平钻井长度达 3.22 km，将其作为废物处置区域。为了测试技术可行性，Deep Isolation 公司在得克萨斯州的卡梅隆市进行了现场试验，成功地将一个 1.52 m 长、用于贮存铯和锶等军用放射性废物的金属罐放置在地下深处的水平处置区域，该项试验可视为美国深钻孔处置研发的最新重要进展。

2.1.2　英国

英国核设施退役机构（NDA）委托钻井技术专家开展了深钻孔处置技术现状的全面调研工作，对于目前现有深钻技术与能力是否能够满足深钻孔处置要求进行了评估，Beswick.J 提出的深钻孔处置方案如图 2.1－8 所示[8]，钻井孔深 4 km，废物处置在下部 2 km 内，处置段上部采用密封回填材料封填。

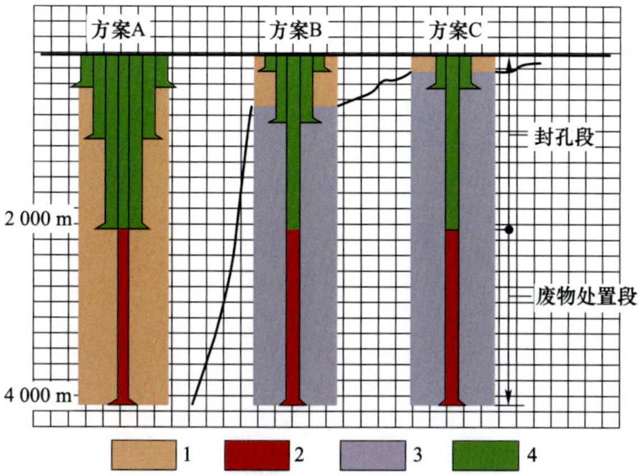

图 2.1-8　英国 Beswick.J 深钻孔处置概念

1—沉积岩；2—放射性废物；3—结晶岩；4—封孔材料

其中，方案 A：钻孔全部在沉积岩中钻进，孔内上段 2 km 采用多重套管；

方案 B：钻孔主体位于花岗岩中，仅上部为沉积岩盖层，在沉积岩中采用多重套管，花岗岩中不使用套管；

方案 C：从地表或近地表开始，钻孔区几乎全部为花岗岩，仅在近地表采用套管，其他区域不使用套管，终孔直径推荐 300 mm 或 500 mm。

英国谢菲尔德大学围绕着深钻孔处置概念设计、密封回填方法、处置容器放置及热学计算等方面开展了一系列工作，提出的适用于不同类型高放废物深钻孔处置方案如图 2.1-9 所示。

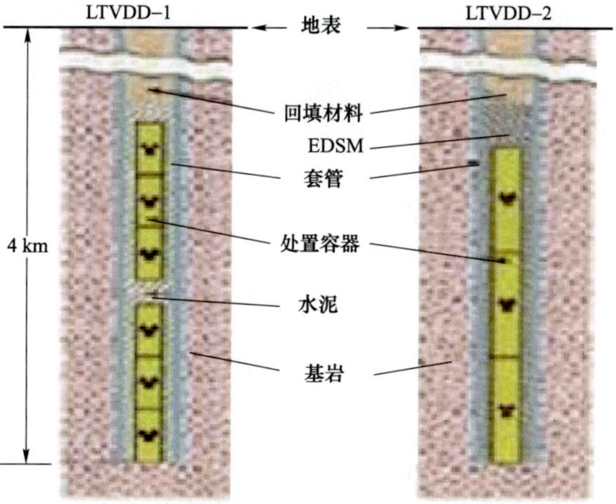

图 2.1-9　英国谢菲尔德大学深钻孔处置概念

LTVDD-1（low-temperature very deep disposal-version 1，低温深钻孔处置-1）：适

用于比重小于 4 的废物，如高放废物玻璃固化体。将经暂存冷却后的玻璃固化体放置于长 1.45 m、直径 470 mm 的处置容器中，处置于 4 km 深花岗岩处置钻孔下段 1 km 内，处置孔套管内径大于 500 mm，处置容器与套管之间选用一种特殊的耐高温水泥进行封填，处置段上方使用碎石密封。通过热学计算表明，处置后 1～3 年内，钻孔内峰值温度达 100～200 ℃。

LTVDD－2（low－temperature very deep disposal－version 2，低温深钻孔处置－2）：适用于比重大于 10 的废物，如乏燃料。将燃料棒从燃料组件中取出，避免了对整个燃料组件的处置。4～5 个压水堆燃料棒被放置于长 4.6 m、直径 450 mm 的圆柱形处置容器内，为了防止锆合金金属外壳氧化，在惰性气体（如氮气）环境中，将处置容器缓慢加热至 335 ℃，去除金属外壳中的水并用熔融的铅充填空隙，起到支撑和防止放射性核素泄漏的作用。之后步骤同 LTVDD－1 类似，在处置容器密封、冷却和暂存后将其放置到深钻孔下段 1～2 km 处置区内。采用特殊高密度基质合金材料（High－density support martix，HDSM）对处置段进行密封回填，通过处置容器放置后的乏燃料衰变热使 HDSM 材料熔融，随着衰变热的减少，熔融合金重新冷却、凝固，从而实现对处置容器与钻孔孔壁间空隙的封填。

在处置容器释热规律研究方面，谢菲尔德大学计算得出的处置孔内及孔壁不同距离内的温度变化趋势如图 2.1－10 所示，峰值温度约出现在处置容器放置后的 100 天（计算条件以 5 个处置容器为 1 组，处置对象为经暂存 35 年后的乏燃料）[9]。

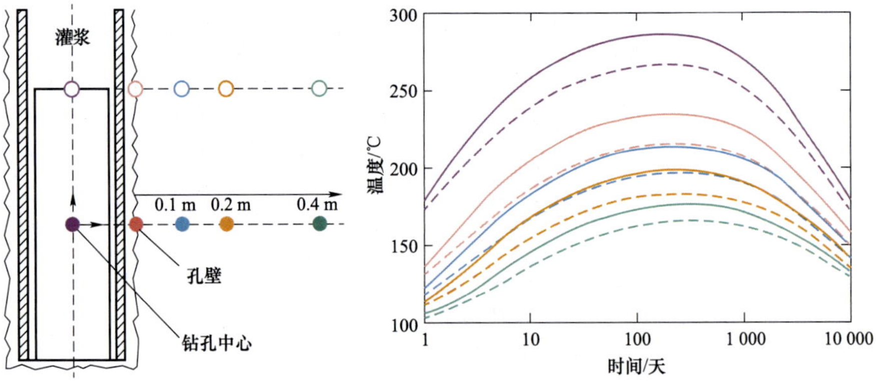

图 2.1－10　英国谢菲尔德大学深钻孔释热分析示意图

在处置段上部区域密封方法上，谢菲尔德大学提出了“岩石焊接”（Rock Welding）密封方式如图 2.1－11 所示。

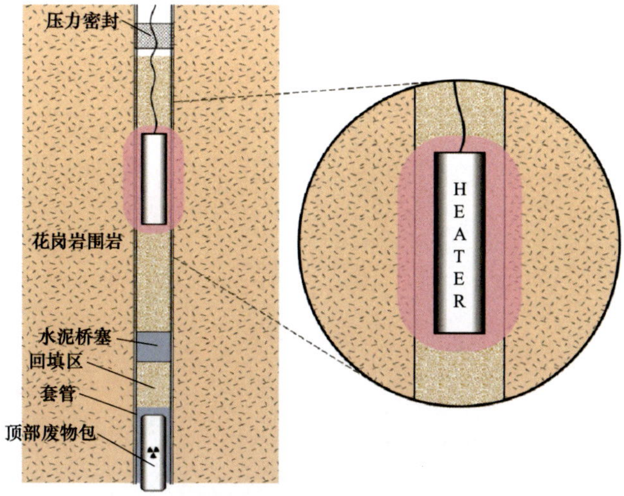

图 2.1－11　英国谢菲尔德大学“岩石焊接”方法示意图

通过电极加热方式，使套管拔出段的回填碎石与花岗岩围岩发生熔融与重结晶作用，从而实现处置段上部尤其是围岩扰动区的密封，初步计算表明岩融段半径可达 0.5 m。

2.1.3　瑞典

瑞典高放废物处置概念设计开始于 1984 年，目前确定的高放废物处置方式为矿山式处置，且研发项目仍在稳步推进，但自 1989 年至今一直持续关注着深钻孔处置方式。1989 年，SKB 公司就对深钻孔的可行性、经济性进行了分析[10]。1992 年将深钻孔处置与 KBS－3 矿山式处置概念以及另外两种处置方式（长巷道处置、中长巷道处置）根据当年技术发展水平再次进行了比较分析[11]。2010 年，根据瑞典 KBS－3 矿山式处置研究进展，再次将深钻孔处置与包括 KBS－3 矿山式处置方式、长巷道处置、WP－cave 处置（一种复杂的筒仓式处置方式）进行了比较分析（图 2.1－12）[12]。该公司最近一次研究报告发布于 2014 年 5 月，建立了深钻孔处置气体产生与迁移概念模型，并进行了初步分析[13]。瑞典深钻孔处置概念设计如图 2.1－13 所示。

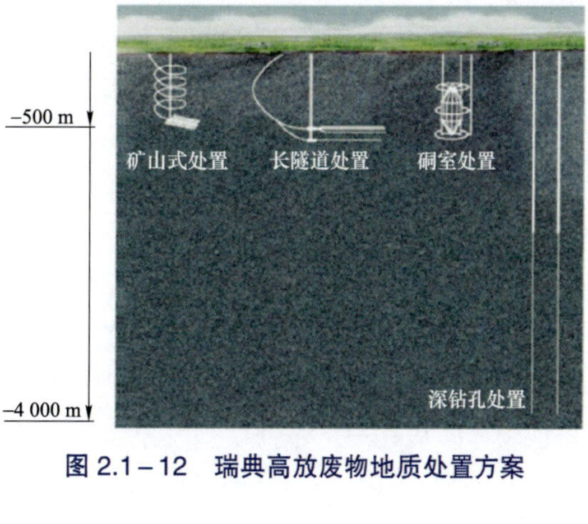

图 2.1－12　瑞典高放废物地质处置方案

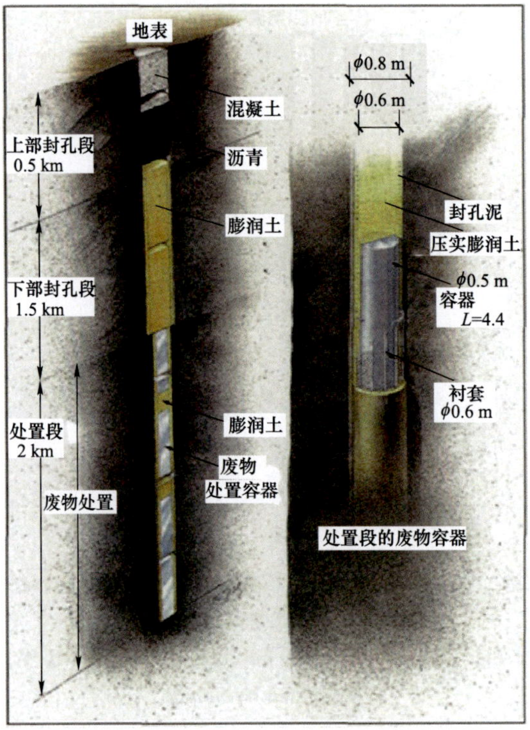

图 2.1－13 瑞典高放废物深钻孔处置概念设计图

该处置方案孔深 4 km，全井分为上部封填段（2 km，由上而下依次为混凝土、沥青和膨润土）与下部处置段（2 km），终孔直径 800 mm，套管内径 600 mm，废物处置容器长 4.4 m[14]。结合 1989 年瑞典在 Silijian 地区结晶岩中施工的深达 6 600 m 的 Gravberg－1 井获得的相关经验，SKB 指出，深钻孔处置方式在安全性上可以满足高放废物处置的需求，但受限于本国深钻技术水平，多次比较分析均认为深钻孔处置需要花费相当多的时间、资源来研发、储备深钻孔处置所需知识、技术与设备，经济成本高于矿山式处置方式，SKB 同时声明他们将继续跟踪深钻孔处置的发展。

然而，需要指出的是，瑞典核废物审查非政府组织办公室（MKG）对深钻孔处置研究进行回顾分析，得出结论：深钻孔处置与目前瑞典选择的矿山式处置（KBS－3）相比，可能具有重要的潜在优势，主要体现在深部地下水稳定性高、密度分层，与 KBS－3 位于浅层地下水区相比，可有效阻止核素迁移至地表生物圈；深钻孔处置对未来可能影响事件如地震、冰川作用、恐怖活动等不敏感。

2.1.4 韩国

韩国从 2010 年开始关注到深钻孔处置方式，Jungmin KANG 从地质构造条件、钻探技术、放射性废物管理等方面分析了深钻孔处置在韩国应用的潜在可行性[15]；2012 年韩国原子能委员会的 Sung－Hoon Ji 等对深钻孔处置的世界研发现状进行了总体评述，指出深钻孔处置在韩国的适用性，需从深部地质环境调查、热学计算与核素迁移评价、处置工艺设计等角度进行研发[16]；Jongyoul 等于 2016 年对韩国深地质环境特征进行了试点分析，提出了深钻孔处置初步概念设计[17]，目前韩国还将继续评估深钻孔处置技术的适用性。

2.1.5 德国

德国在 2013 年颁布了关于高放废物处置库选址的新法令，要求在全境内重新开始高放处置库的选址工作，处置库围岩考虑在盐岩、黏土岩与花岗岩中进行比选。在此背景下，德国的处置库设计运行公司 DBE Technology GmbH 对深钻孔处置技术在德国应用的可行性进行了讨论，初步结论为深度 5 km、直径 300～400 mm 的处置孔在现有技术水平下是可以达到的，但在深部环境的查明与监测、处置孔密封有效性及废物可回取方面仍存在需要解决的问题。

此外，Guido Bracke 等[18]选择盐岩场址进行了深钻孔处置的初步设计，提出的深钻孔处置概念及处置容器设计如图 2.1－14 所示，德国将会继续跟踪国际深钻孔处置的研发进展。

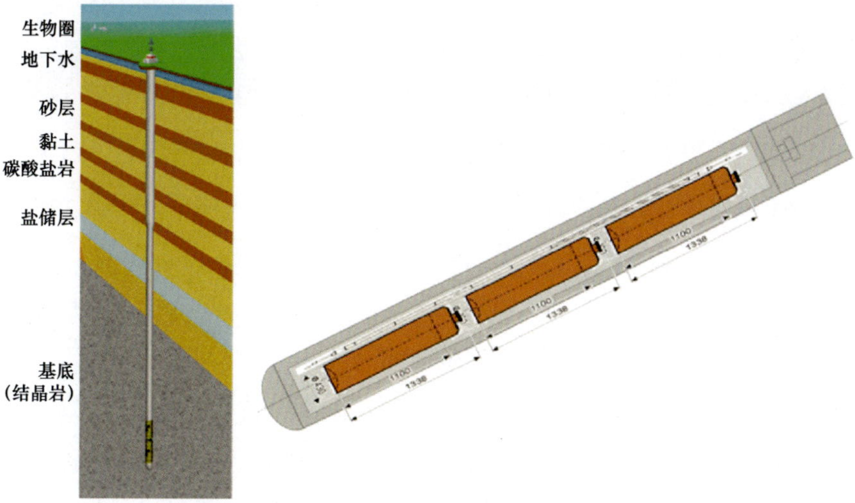

图 2.1－14 德国深钻孔处置概念及处置容器设计图

2.1.6 其他

法国阿海珐联邦服务有限公司的 Sven Bader 指出[19]，从处置成本考虑来看，深钻孔处置或适用于核电规模较小的国家如意大利、立陶宛、沙特阿拉伯等，这些国家需处置高放废物数量较少，采用矿山式处置成本过高。在开展矿山式处置地质条件与经济资源有限的国家，对乏燃料进行后处理并应用深钻孔处置后处理得到的玻璃固化体废物可能会是一种较为理想的核燃料循环策略。但深钻孔处置也具有一些潜在缺点，包括可处置废物的尺寸有限，废物包下放到钻孔过程中容易发生卡堵事故，废物回取能力有限等。

日本 T. Tokunaga[20]于 2013 年发布了一篇日本考虑深钻孔处置的报告，分析了日本的深部地质环境条件并就日本进行深钻孔处置可能性进行了探讨，认为深钻孔处置可作为矿山式处置的有效替代方案。

从以上国际研发现状可以看出，目前各国提出的深钻孔处置概念在处置深度、终孔直径上各不相同，这主要是由各国拟处置的废物源项特征存在差异造成的，但基本处置理念均将钻孔深度确定在 4～5 km，处置段孔径 400～800 mm，处置段上方采用混凝土、膨润土、沥青、水泥等回填材料进行封填。

2.2 国内现状

近年来，我国一些学者与机构同样关注到深钻孔处置方式并开展了相关研究工作，如相秀娟[21]、徐国庆[22]等对深钻孔处置研究进展与可行性现状进行了初步分析，成都理工大学李诗颖等[23]对深钻孔处置段围岩压力与温度变化进行计算，研究高放废物衰变热对处置稳定性的影响，初步结论为处置废物放热对围岩（花岗岩或花岗片麻岩）结构影响不大，释热导致的处置段钻孔套管温度和压力的升高亦不会影响钻孔整体稳定性。

深钻孔处置与矿山式处置相比最显著的特点在于处置深度的成倍增加，从而导致核素释出迁移至生物圈的距离增长，处置隔离安全度高。深部流动缓慢、高盐度地下水特征及还原性地球化学环境，为阻滞核素迁移提供了有利条件。模块化拓展的建设方式，与较短的运行周期使得深钻孔处置选址存在灵活性，可有效减少废物运输风险。

深钻孔处置发展的困难在于，由于受到深井孔径的限制，难以处置直径较大的高放废物。在处置工艺可行性方面，也亟需通过示范工程进行进一步的验证。同时，由于钻孔密封后的回取难度较大，深钻孔处置或不适用于有回取需求的高放废物。

3

深钻孔处置选址要求与我国潜在场址分析

3.1 深钻孔处置选址要求

根据美国 Sandia 实验室在高放废物深钻孔处置方面的研究成果[24]及我国高放废物地质处置地下实验室选址的经验[25]，针对我国深钻孔处置选址准则初步确定如下，包括基本准则、排除性准则和具体准则。

3.1.1 基本准则

（1）场址应能满足工程安全建设和安全运行的要求；

（2）应符合国家和地方环境保护的要求；

（3）应获得当地政府的同意。

3.1.2 排除性准则

（1）应避开由于新构造运动、地震活动、火山作用、褶皱作用等强烈地质作用产生的不可接受影响的地区。

强烈的地质作用会影响深钻孔的稳定性和安全性，从而导致放射性核素迁移，影响周围环境和人类健康。

（2）应避开深部存在近代大气来源地下水或者低盐度氧化性地下水的区域

如果在深部岩层中发现近代大气来源地下水，则表明深部地下水流系统很活跃，大气来源地下水向下垂直运动意味着相应有地下水向上流动的潜在可能性，因而可以将放射性核素运送至浅层地表。

高盐度地下水上覆有新鲜地下水的液体密度分层阻碍着地下水向上流动，还原条件导致处置废物中大量放射性核素吸附能力更强，溶解度更低，更适宜进行废物处置；低盐度氧化地下水表明放射性核素具有以更高的浓度和速率向上运动的可能性，低盐度氧化地下水通常也是深部新鲜水循环的预示。

（3）应避开人口稠密区、人类可能活动频繁的区域及人造工程影响区

人口稠密区域或者人类可能活动频繁的地区会影响公众对于选址的接受程度。

（4）应避开可能蕴藏矿产资源、地下水资源和地下空间可能被利用的地区

地下存在矿产资源的区域可能会对高放废物在处置过程产生影响，还会因为处置了放射性废物无法进行地下资源的开发利用，造成资源浪费，同时地下资源的存在也会增加人类闯入的风险。

（5）应避开有可能被现有的或计划中的地面水体溃坝淹没的地区

有可能被现有的或计划中的地面水体溃坝淹没的地区会影响深钻孔处置的运行安全。

（6）应避开国家法律、法规、行政规章制度及规划所确定的需要特殊保护的地区

需要特殊保护的地区如自然保护区、野生动物保护区、历史文物区等，深钻孔处置会对这些区域产生影响，应避开这些区域。

（7）应避开公众和利益相关方及社会影响难以接受的地区

包括铁路、国道、省道、公路等公共设施存在或穿过的地区，或者存在土地利用价值的地区，选址时应避开这些地区。

3.1.3 具体准则

（1）地质条件

- 应尽量选择地质条件简单，岩性单一，岩体完整，裂隙不发育，岩石稳定性好的区域；
- 应尽量选择围岩地热梯度、地应力相对较低的区域；
- 场址围岩必须具有足够的厚度和面积（如结晶岩基底埋深小于 2 000 m），可上覆沉积岩盖层，阻止深部流体因密度分层导致的地下水流动，从而切断核素向浅地表的迁移

路径；

- 场址围岩的力学性质应能确保处置场的安全施工、运行和关闭。

（2）未来自然演化

- 场址区应避开高震级发震断层带；
- 场址区应避开发震断层；
- 场址区应避开火山作用活动地区。

（3）水文地质条件

- 场址应具备地下水含水量小、径流途径长、水力梯度低等水文地质特征。

（4）建造和工程条件

- 应选择具有良好建造和工程条件的场址；
- 应满足地下钻井的开挖需要，并确保钻井的稳定性。

（5）土地利用

- 应考虑土地利用现状、土地使用规划和土地使用权等问题，尽量选择现状和未来土地利用价值小的场址。

（6）社会经济和人文条件

- 应优先考虑社会经济条件和人文条件有利于深部钻孔处置场建造和运行的地区；
- 应选择当地政府同意的场址。

3.2 我国深部地质环境特征

通过对我国深部地质环境相关文献[26-41]以及已有深部地质工程项目[42-53]的调研，对我国深部地质环境进行了特征总结。

3.2.1 深部岩体特征

随着深度的增加，岩性更单一，结晶岩完整程度更好，岩石蚀变程度弱，深层断裂生成的破碎产物已经胶结，岩体裂隙更少，不具备导水性能。

3.2.2 深部地质地下水

（1）主要盆地深层承压水化学特征

四川盆地、江汉盆地、柴达木盆地、塔里木盆地、准噶尔盆地等盆地，均为由地质构造作用而形成的封闭型盆地，在古老地层中，沉积较多石膏层、盐岩层、深层承压水垂直分带性明显，随深度增加，含盐量增加，水化学类型多为氯化物型。从上至下，通常依次分布着淡水、咸水、盐水、卤水、浓卤水带。有些盆地则上部无淡水带，如柴达木等盆地的中心地带。

四川盆地顶部含水层多为淡水分布，一般水的含盐量小于 0.5 g/L，水化学类型为重碳酸盐型。淡水的下界深度，在盆地边缘地区可达 1 000 m 以上，山前地区为 300～500 m，向盆地内逐渐减小，盆地中心为 50～150 m。淡水之下为咸淡水过渡带，其含盐量为 1～10 g/L，水化学类型为硫酸盐或氯化物型，其埋深随淡水埋深而变化，厚度则难以区分，与下层的盐水带相混，盐水带含盐量多为 10～50 g/L，为氯化物型。在盆地中部 1 000～2 000 m 的侏罗系，白垩系、三叠系地层中均分布有含盐量高达 200～300 g/L 的氯化物型浓卤水。

江汉盆地深部承压水层为白垩系至新近系咸水湖相沉积，埋深 1 000 m 以下的含水层组中含盐量大于 200 g/L 的浓卤水，埋深 2 000～3 000 m 时，含盐量达到 300～340 g/L，水化学类型为氯化物型。自盆地边缘向盆地中心，由西向东，自北向南，油田水的矿化度平均含量逐渐增加，自上而下，随着油田水埋藏深度的增加。

柴达木盆地在盆地西部和中部，深层承压水从上至下分布有盐水、卤水及浓卤水。东部为盐水、卤水。东南部则为浓卤水和卤水。盆地的上新统含水层主要为含盐量 50～100 g/L 的卤水带，中新统和渐新统含水层则为含盐量 200～300 g/L 或大于 300 g/L 的浓卤水，而现代浓卤水含盐量可高达 450～480 g/L，并具有从盆地边缘向盆地中心含盐量逐渐增高的特征。pH 变化范围为 6～8，主要水化学类型为 $CaCl_2$、$MgCl_2$、Na_2SO_4 型。

准噶尔盆地沉积了中新生代巨厚层的陆相沉积物，封闭性较好。盆地西部淡水层之下，白垩系地层分布有含盐量 3 g/L 左右的咸水。在埋深 2 000 m 左右的三叠系地层中分布有含盐量 12～20 g/L 的氯化物型盐水。埋藏深度小于 300～500 m 的上第三系上新统承压水，水质最好，大多数矿化度小于 1 g/L，二叠系的承压自流水矿化度最高，为 150 g/L，水型为 $NaHCO_3$ 型。

鄂尔多斯盆地是我国中生代大型凹陷盆地，盆地内的白垩系、三叠系陆相沉积层厚度为 1 000～4 000 m。盆地上部的白垩系地层主要分布有淡水、微咸水和咸水，含盐量为 1～10 g/L，水化学类型为硫酸盐－氯化物型水。南部侏罗、三叠系地下水埋深在 200 m 左右为氯化物型水。盆地东部与东南部地下水含盐量局部高达 10～50 g/L，为氯化物盐水。盆地南部三叠系延长统地下水有含盐量为 50～100 g/L 的氯化物型卤水分布，但在盆地的北部、东胜隆起区淡水带的深度达 500～1 000 m。岩溶地下水总体水质好，大部分地区矿化度小于 1 g/L，局部地段为 2～5 g/L；水化学类型以 $HCO_3-Ca\cdot Mg$、$HCO_3\cdot SO_4-Ca\cdot Mg$、$HCO_3\cdot SO_4-Na\cdot Ca$ 型为主，局部为 $SO_4\cdot Cl-Na\cdot Mg$ 型。

济阳坳陷主要划分为古生界含水岩系、中生界含水岩系、新生界下第三系含水岩系、新生界上第三系含水岩系四个含水岩系。济阳坳陷古生界含水层多数地区为 10～20 g/L（为正常海水浓度的 1/3），不同构造部位的地层水总矿化度差异较大，新生界下第三系含水岩系全坳陷几乎全部为 $CaCl_2$ 型水，只在坳陷南、北边缘地区出现 $NaHCO_3$ 型水，由坳陷边缘到中心总矿化度由小变大，由 10 g/L 增至 30 g/L。整体上矿化度变化范围为 1～100 g/L，水化学类型主要为 $CaCl_2$ 和 $NaHCO_3$。

整体上来看，盆地内沉积厚层石膏、盐岩是导致深部地下水矿化度高的最主要的原因之一。矿化度最高可达 450 g/L，最低不足 1 g/L。以上几个盆地内矿化度的横向上演化趋势为从边缘到中心，其矿化度是增加的，自上而下变化趋势矿化度随深度的增加而增加。

（2）平原区深层承压水化学特征

松辽平原、下辽河平原、华北平原、苏北等地，深层承压含水层多为不含膏盐的淡水湖泊沉积，苏北平原个别地段有咸水湖相沉积。随含水层埋深增加，由上至下分布有淡水、咸水或淡水、咸水、盐水，以不具有卤水层而区别于其他沉积盆地。

松辽盆地北部具有性质不同的两大含水系统，一是分布在白垩系上统及其以上地层的含水系统，包括表层潜水和承压水，具有水量大、埋藏浅、水质好、有补给的特点，水化学类型主要为 $NaHCO_3$ 型，矿化度一般为 100～2 000 mg/L；另一个是埋藏较深的，分布在白垩系下统及其以下地层的含水系统，具有矿化度高，硬度大、水性和压力变化大的特点，广泛分布在盆地深部各个层系中，大多为盆地沉积过程中形成的原生水，水化学类型一般为 $NaHCO_3$ 型，少数为有 Na_2SO_4、$CaCl_2$ 和 $MgCl_2$ 型水，pH 在 7～9，矿化度变化范围为 2 000～20 000 mg/L。

华北平原第四纪沉积物较为发育，遍布全区。一般深达 200～600 m，山前地带约 100 余米，在凹陷区则可深达 1 000 余米。水化学性质在纵向上分为三个带，上第三系低矿化度水、上第三系低矿化度水、潜山低矿化度水，TDS 范围分别为 1 580～1 770 mg/L、5 910～34 000 mg/L、2 966～4 469 mg/L。下第三系中下部埋深可达 2 500～3 500 m，下第三系上部厚度一般 500～1 100 m。上第三系为河流相沉积，它覆盖在坳陷内所有老地层之上，使冀中坳陷成为一个统一的沉积坳陷，仅在凸起区沉积厚度相对较薄。埋深为 200～400 m，厚度 1 000～3 000 m。

苏北平原广泛被巨厚层的第四系松散沉积所覆盖，含水层可分为浅部和深部两个含水层组，深部含水岩组在长江以北埋藏较深，长江以南较浅，自西往东由 70 多米增至 200 多米。含水层厚度和岩性自三角洲顶端向东南呈渐变特征，厚度由大变小，岩性由粗趋细，含盐量一般小于 1 g/L，多为重碳酸盐型水。高邮凹陷基底是震旦系—白垩系，地层水矿化度除南断阶带上的许庄地区外均在 2 g/L 以上，最大达 100 g/L 以上，并明显地随埋藏深度增大而增大。新生代上第三系盐城组活动交换低盐相淡水带地层水矿化度 1 g/L 左右，均为 $NaHCO_3$ 型，中—生界地层是以海相沉积为主的石灰岩，碎屑岩及泥岩，加上漫长的地质时期的变质，形成高矿化度的盐水、卤水。地层水矿化度在 35 g/L 以上，在个别地区高达 100 g/L 以上，水型为 Na_2SO_4 和 $CaCl_2$、$MgCl_2$ 型。深凹带中，由于埋藏深，在漫长的沉积时期风化带上地层水逐渐浓缩变质，矿化度逐渐升高，风化带上低矿化度水变薄甚至消失。

总体上平原深层承压含水层多为不含膏盐的淡水湖泊沉积，矿化度最高可达 40 g/L，水化学类型多为 $NaHCO_3$ 型、部分为 Na_2SO_4、$CaCl_2$、$MgCl_2$ 型，矿化度随深度的增加而增加。

3.2.3 深部地热特征

1 000 m 深华北盆地地温 30 ℃左右，由盆地边缘往盆地中部方向地温缓慢增高，大多数地区地温均在 40～45 ℃，在盆地基底隆起部位或近隆起边界断裂的一侧为较高地温分布区。盆地南部的地温较北部低。胜利油田温度可达 48～65 ℃，1 500 m 深处的温度可达 63～80 ℃，较华北平原其他地区高，自东向西地温、地温梯度及热流值均由高变低。四川盆地地温多在 25～53 ℃；盆地的中部及西部是区地温较高，其中盆地东部地区地温 35～43 ℃；盆地北部及西北部地区，地温为 25～40 ℃，中部地区多在 40～48 ℃而西南部地区，地温较高，多在 45～56 ℃。江汉盆地地温一般在 45～50 ℃。准噶尔盆地在盆地边缘地温为 25 ℃，进入盆地 40～100 km 其地温增长至 35 ℃；在广阔的山前平原及盆地的内部，1 000 m 深地温的变化范围则多在 35～40 ℃。盆地中 1 000 m 深地温很少超过 40 ℃。鄂尔多斯盆地 1 000 m 深地温一般在 35～40 ℃之间，大于 40 ℃的地温分布区多呈岛状散布于盆地之北部和南部，其形状、大小和延长方向具有一定的规律性，最高可达 50 ℃以上，盆地地温分布较均一。松辽盆地 1 000 m 为 40～50 ℃，最高可达 60 ℃；一般在 40～50 ℃之间，平均 45 ℃左右，盆地边缘地温较低，多在 30 ℃左右，最高地温分布于盆地中部，多大于 50 ℃，地温的分布具有由盆地边缘的 30 ℃向盆地中心逐渐增高至

50 ℃以上的特点。下辽河平原 1 000 m 深度上中央凸起区地温为 36～40 ℃，1 500 m 深度上为 55 ℃；东部凹陷分别为 32 ℃和 50 ℃左右。

2 000 m 深华北盆地地温多在 70～80 ℃，北部大多在 90 ℃以上，盆地中部多在 80 ℃以上，南部多在 70～80 ℃甚至 80 ℃以上，其他地区多在 70～80 ℃之间，较高地温分布区在盆地的北部及中部多呈长条状分布，地温则沿近东西向或北西西向展布，且多呈块状，分布的特点是北部稍高，南部偏低，盆地北部陆地与流域的地温分布特征基本一致。江汉盆地地温平均在 80～85 ℃。四川盆地 2 000 m 深度地温变化为 40～90 ℃之间，而多数地区在 60～70 ℃，盆地东部地区多在 55～65 ℃，并沿北东向和北北东向呈条带状分布；盆地北部及西北部地温为 45～60 ℃；中部地温为 60～75 ℃；西南部地区为 75～88 ℃。松辽盆地边缘地温为 50～60 ℃，盆地周围向盆地中部地温增高，平均地温在 85 ℃左右，一般在 80～90 ℃之间，分布于盆地的中部；准噶尔盆地地温大多在 50～60 ℃之间。下辽河平原 2 500 m 深度，中央隆起为 75 ℃～80 ℃，东部凹陷为 70 ℃～75 ℃。准噶尔盆地地温分布特点为西北部及东部地温偏低，多在 50～60 ℃，盆地的西南部地温偏高，多在 60～70 ℃之间，北部边缘的河套盆地，其东部沿大青山断裂带一侧，2 000 m 深地温明显地高于其他地区，并呈近东西向或北北东向延伸。

3 000 m 深华北盆地北部地温分布与 1 000 m 和 2 000 m 深地温分布相似一致，均具有低、高、低相间分布的特点。高地温分布区明显靠近边界断裂部位。基底凹陷区则表现为低地温分布区，一般地温在 90～100 ℃，个别地区可低于 80 ℃。江汉盆地地温多在 100～120 ℃之间。四川盆地盆地中一般在 58～112 ℃之间。东部地区一般在 70～80 ℃之间，局部构造区地温可超过 80 ℃，甚至在 90 ℃以上。西北部及北部，一般在 55～82 ℃之间；中部及西南部地区，地温较高，多在 90～122 ℃之间。松辽盆地地温为 115 ℃，一般在 100～120 ℃之间，边缘为 70～80 ℃；自盆地边缘向中部地温由 70 ℃逐渐增长至 150 ℃以上，盆地边缘山前地带地温多在 60 ℃左右，至盆地中部地温一般均在 70～80 ℃之间，局部地区可达 80 ℃以上。准噶尔盆地以北以东为较低地温分布区，般小于 90 ℃，以南以西地区，地温较高，多在 90～100 ℃之间，局部地区可 110 ℃以上。盆地地温分布比较均一，变幅小，多在 10 ℃左右，局部可达 20 ℃，其 1 000 m、2 000 m 和 3 000 m 深地温，分别在 35～40 ℃，60～70 ℃和 80～100 ℃，局部较高地温分布区成片状或岛状散布在盆地的西南部及北部，由盆地边缘向盆地内部地温逐渐增高的趋势不明显。

华北盆地北部及东部地温梯度偏高，平均 3.3～3.5 ℃/100 m 之间；盆地中部在 3.0～3.3 ℃/100 m；盆地南部的地温梯度在 2.5～3.0 ℃/100 m 之间。高地温梯度区一般分布于隆起及拗陷中的凸起部位，最高地温梯度可达 7～11 ℃/100 m 以上。低地温梯度区分布于盆地的边缘，一般在 2.0～2.5 ℃/100 m。

胜利油田地温梯度平均为 3.7 ℃/100 m，最高达 6.06 ℃/100 m，1 000 m 深处的平均地热流值为 1.58 热流单位，地温场纵向变化规律主要受岩性影响。同一地区，第三系不同深度的地温梯度大致相等。而中生界、古生界基岩段，由于岩石的热导率增加，导致了地温梯度的降低。潜山风化壳附近地温梯度高，最高达 5.2 ℃/100 m，盐岩地层地温梯度低，地温梯度平均值为 2.21 ℃/100 m。背斜轴部地温梯度高于两翼。

四川盆地地温随深度的变化总趋势为盆地北部、西北部及东部地区地温随深度的增长幅度较盆地中部、南部和西南部为小；盆地的地温梯度由东、东北和北部向中部及西南部逐渐增高，1.5～3.5 ℃/100 m。地温梯度随深度增加梯度逐渐降低，岩石热物理性质的影响是十分明显的，四川盆地的地温梯度多在 1.6～2.6 ℃/100 m 之间，平均 2.45 ℃/100 m 左右。四川盆地大地热流为 35.4～68.8 mW/m^2，平均为 53.2 mW/m^2，盆地内大地热流整体不高，川中至川西南大地热流较高，达到 60～70 mW/m^2。在川东北大巴山褶皱带前缘大地热流低至 40 mW/m^2 左右。

江汉盆地的地温梯度一般在 3.0～3.5 ℃/100 m 左右，盆地中心地温梯度多在 3.5 ℃/100 m，盆地边缘为 2.0～3.5 ℃/100 m。江汉盆地地热资源主要集中在潜江凹陷和江陵凹陷，地热资源量达 1.58×10^{17} kJ，地热资源可开采量达 3.16×10^{16} kJ，占江汉盆地地热资源总量的 63%。

准噶尔盆地，总体上地温分布特征有盆地腹部的地温高，向南、北两方向温度逐渐降低的特征。温度分布特征基本上受基岩构造形态的控制，最低地温梯度分布于盆地的四周山前地带，其梯度多在 1.5 ℃/100 m 左右，向盆地内部逐渐增高，在距边缘 50～100 km 的范围内的地温梯度由 1.5 ℃/100 m 增至 2.0 ℃/100 m 左右，盆地西部多在 1.7～2.0 ℃/100 m 之间，向盆地内部逐步增至 2.2～2.5 ℃/100 m。准噶尔盆地的地温梯度在深 6 000 m 范围以内多变化在 1.5～2.5 ℃/100 m 之间，并多集中在 1.7～2.2 ℃/100 m 以内，准噶尔盆地南部地温梯度表现为上小下大；2 400 m 以浅为 1.67 ℃/100 m；3 000 m 为 2.25 ℃/100 m 至 4 500 m 则增长到 3.2 ℃/100 m。盆地东部地温梯度明显地高于盆地中其他部位，最高可达 3.4 ℃/100 m，盆地北部地温梯度随深度的变化同盆地西北部大体类似，并稍有偏低；一般均在 1.65～2.05 ℃/100 m 之间。地温梯度多在 2.5～3.0 ℃/100 m 之间。盆地南部地温梯度较北部高，多在 2.5～3.0 ℃/100 m 之间。盆地北部地温随深度的变化幅度较大，总趋势是上部增温缓慢，下部增温迅速。准噶尔盆地的大地热流值不高，介于

23.4～53.7 mW/m² 之间，平均 42.3±7.67 mW/m²。盆地白垩系分布区内大地热流值介于 35～70 mW/m² 之间，低于石炭系—侏罗系分布区和周缘的岩溶分布区（绝大部分热流值大于 65 mW/m²）。

松辽盆地的地温梯度平均为 3.8 ℃/100 m，除盆地边缘梯度稍低之外，一般多在 3～5 ℃/100 m 之间，这是中国大型盆地中地温梯度较高的分布区之一。地温梯度同地温的分布特点基本一致，边缘地带，地温梯度较低，多在 2.5 ℃/100 m 向盆地内部逐渐增高。中央拗陷和盆地边缘之间的地带，其地温梯度随深度变化的总趋势是逐渐减小的。松辽盆地热流值的变化范围是 40～90 mW/m²，平均热流值为 70 mW/m²，该区的背景热流值很高。

济阳坳陷地温场变化较大，地温梯度变化在 3.2～5.0 ℃/100 m。平面上地温梯度多呈北东—南西向展布，由西南向东北呈多个高低相间梯度带分布。温度变化为 60～105 ℃。

长江三角洲深凹带埋深 1 913～2 631 m，地温为 69.6～88.1 ℃，地温梯度在 2.72～2.91 ℃/100 m 之间，埋深在 2 175～2 881 m 之间，地温为 76.81～94.21 ℃，地温梯度在 2.72～2.90 ℃/100 m 之间。苏北地区地表大地热流值均为 60 mW/m² 以上，最高达 83 mW/m²。在高邮凹陷带地表大地热流值为 58～68 mW/m²（1.38～1.62 HFu），为中度值。其中地幔热流占 76%，地表内放射性物质生热占 24%。

整体来看，1 000 m 地温一般可达 30～50 ℃，局部温度可达 60 ℃，2 000 m 深地温一般可达 70～80 ℃，局部可达 90 ℃，3 000 m 深地温可达 90～120 ℃，1 000 m、2 000 m、3 000 m 地温分布情况基本一致，其变化趋势为盆地中心高，向盆地边缘逐渐递减，盆地的不同部位地温随深度的变化有明显的差异，但它们却有着共同的规律，即随着深度的加大，地温增长的速率都有所降低，其区别在于降低的幅度大小因地而异。就整体而言，平均地温梯度均 3～4 ℃/100 m，盆地中心的地温梯度高于盆地边缘，隆起拗陷中凸起的部位具有较高的地温梯度。

3.2.4 深部地应力特征

对于我国大陆地区深埋岩体的地应力分布规律，总结如下：

（1）我国大陆地区深埋岩体实测垂直应力总体上随埋深增大而增大，线性回归结果表明 σ_v 与 H 具有良好的线性关系。经过统计发现，σ_v 回归关系式中含有一定量值的常数项，应力变化梯度小于 Hoek－Brown 统计关系式中的 0.027。

（2）我国深部岩体 σ_H，σ_h 总体上随埋深呈线性关系变化，散点分布范围主要在一个倾斜的平行带内。相同深度下，σ_H 的变化范围大致在 60 MPa 以内；σ_h 的变化范围大致在 40 MPa 以内，反映了不同地区的地域差异。回归式中含有一定量值的常数项，其中 σ_H 的线性回归式中常数项较大，说明深部岩体仍存在显著水平应力。

（3）采用平均水平应力与垂直应力之比来研究侧压力系数，实测统计结果表明，我国深埋岩体 k 值分布范围为 0.48～2.63。在 1 000 m 以上的深部，k 值分布比较分散，主要分布在 0.5～2.5；进入 1 000 m 以下的深部，k 值多为 0.5～1.5，且随着埋深的增加，k 值的变化范围逐渐缩小，渐趋于 1.0。深部岩体与浅部岩体相比，侧压力系数 k 值的分布范围更集中，越往深部 k 值越趋于 1.0，超深部的地下岩体可能存在所谓的静水压力状态。

3.3 我国潜在场址类型分析

深钻孔处置场址应具备对核素迁移至生物圈的阻滞与隔离能力，地质屏障性能在深钻孔处置中发挥着重要作用。

我国位于欧亚大陆东南部，区域内多个大陆构造单元相互叠加作用，根据构造历史划分，除位于中印边界的“西大陆”喜马拉雅区域外，大部分属于“东大陆”，其中青海–西藏高原属于地中海大型构造区的中部地区，而东部则属于环太平洋构造带。

根据我国 1949—2000 年的地震统计数据，可见西南地区为我国地震高发地区。我国人口密度分布主要集中于东部地区，深部地热异常区位于青藏高原区。

根据深钻孔处置选址要求，深钻孔处置场址应分布有稳定且埋深较浅的基岩岩体，场址地质稳定性良好，远离人口集中区域，避开地热异常区域等，根据以上标准，初步判断我国西北地区有稳定的基岩出露，无大型断裂带发育，人口稀少，可作为深钻孔处置的潜在候选场址。

我国高放废物矿山式处置围岩主要考虑对花岗岩与黏土岩，其中花岗岩处置库选址同样在西北地区开展，预选场址确定为甘肃省北山地区。花岗岩具有较好的热稳定性，可以耐受高放废物的热辐射，同时，花岗岩是良好的热导体，有利于将废物的热量传输出去，岩体具有很高的强度，便于维持处置孔的力学稳定性，岩体内矿物质分布相对均匀，有利于深钻孔施工过程中的井斜控制。参照花岗岩矿山式处置库选址相关成果（表 3.3–1），可知我国西北地区花岗岩岩体厚度可满足深钻孔处置需求，综合以上条件，建议我国深钻孔处置潜在场址可重点考虑西北地区花岗岩场址。

表 3.3－1　花岗岩处置库预选场址岩体厚度

区域	地段	岩体主要岩石	岩体上覆厚度	岩体底板深度
甘肃北山	旧井	花岗岩	从几十厘米到几米甚至十米以上	超过地下 2 500 m
	新场	花岗岩	从几十厘米到几米甚至十米以上	超过地下 1 000 m
	芨芨槽	花岗岩	从几十厘米到几米甚至十米以上	超过地下 8 000 m
	野马泉	花岗岩	从几十厘米到几米甚至十米以上	超过地下 1 700 m
阴山—天山构造带西段		花岗岩	几米至 200 m	超过地下 7 000 m
新疆	雅满苏	花岗岩	约 10 m	超过地下 7 000 m
	天湖	花岗岩	约 1 m	超过地下 8 000 m
	阿奇山	花岗岩	约 3 m	超过地下 3 000 m

花岗岩场址类型通常包括两种：① 是花岗岩直接出露地表，开孔层级少、稳定性好、无大型连通裂隙，通常地下水含量很少，不是地下水集中使用区，但限制了可选择的场址数量；② 是上覆有沉积层盖层，下伏花岗岩地层，开孔方便、浅层进度快、成层分布可阻滞核素迁移，潜在场址更多，但钻井层级多。

根据上述情况，结合深钻孔处置段深度需求，将本次研究的处置场址概化为：0～200 m 第四系沉积层，200～5 000 m 花岗岩，参考已调研到的深部地质环境特征，该场址类型的地质环境特征如下：

（1）岩体完整、均匀性好，高密度、低含水率和低孔隙率，岩石致密、蚀变弱；

（2）花岗岩在单轴压缩条件下呈脆性破坏，抗压强度随取样深度的加深而略微降低，抗剪切强度随取样深度的加深而略微降低，有围压条件下的泊松比比单轴压缩条件下的泊松比高，三轴压缩条件下轴向变形增大，深部岩石的动泊松比比浅部的高，而其动弹性模量比浅部的低，地下 5 000 m 花岗岩岩体具有高力学强度、低变形和高脆性的特性，在单轴压缩条件下呈脆性破坏，抗拉强度和抗剪切强度随深度的加深而降低；

（3）该场址附近无地表水源，地下水水量稀少，地下水的矿化度随深度的增加而增加，浅部地下水主要由现代区内降水补给形成，深部地下水由地质历史时期降水补给形成，浅部地下水系统具有相对开放特征，水循环交替能力较强，深部地下水系统具有相对封闭性特征，水循环交替能力较弱；

（4）场址深部以中低温热水为主，地热水平接近我国大陆地区地热流平均值；

（5）属中等应力水平区，浅部以水平应力为主导，随着深度的增加，垂向应力开始占主导作用，地下 5 000 m 范围内的垂向应力，最大、最小水平主应力均随深度的增加而增加，且随着深度的增加，最大水平应力与垂向应力的比值逐渐趋近于 1。

综上所述，根据深钻孔处置场址应分布有稳定且埋深较浅的基岩岩体，场址地质稳定性良好，远离人口集中区域，避开地热异常区、地应力异常区等要求，初步确定我国深钻孔处置潜在场址重点考虑西北地区花岗岩场址，该类场址类型基本特点有：① 岩体完整、均匀性好，高密度、低含水率和低孔隙率，岩石致密、蚀变弱；② 具有高力学强度、低变形和高脆性的特性，在单轴压缩条件下呈脆性破坏，抗拉强度和抗剪切强度随深度的加深而降低；③ 没有地表水源，地下水源稀少，深部地下水系统具有相对封闭性特征，水循环交替能力较弱；④ 构造活动稳定，热流值低；⑤ 中等应力水平区，随着深度的增加，最大水平应力与垂向应力的比值逐渐趋近于 1。

4

处置对象及适用性分析

4.1 我国潜在处置对象分析

在处置对象方面，由于受到钻孔孔径的限制，深钻孔处置的适宜处置对象多为整备后体积较小、危险度高的高放废物，如乏燃料，后处理产生的高放废物玻璃固化体和分离的钚等。根据我国核电发展规划，我国目前已建核电机组 38 台，规划建设机组 18 台，“十三五”期间，全国核电投产约 3 000 万千瓦，开工 3 000 万千瓦以上，2020 年装机达 5 800 万千瓦（《电力发展“十三五”规划（2016—2020 年）》）。我国目前选定的核燃料循环策略为闭路循环，对核电厂卸出的乏燃料进行后处理，将后处理得到的 MOX 燃料用于快堆中，对后处理中得到的其他高放废物进行玻璃固化，然而依据现有后处理厂规划处理能力，可以预见未来并不是所有的乏燃料均可以得到后处理，因此，我国预计需进行高放废物处置的废物源项有各堆型产生的乏燃料（包括 MOX 乏燃料）、玻璃固化体等。

4.1.1 乏燃料

我国目前产生的乏燃料类型主要有压水堆乏燃料、重水堆乏燃料以及后续将产生的高温气冷堆乏燃料，分述如下：

压水堆乏燃料是指在堆内运行受辐照后从堆内卸出且不经处理不能再在该堆中使用的核燃料。我国当前主要压水堆堆型为 M310、VVER、CNP650、CNP1000、CPR1000、AP1000、EPR 等，以及正在建设的“华龙一号”。使用的燃料组件类型有：FA300 型、

AFA－3G 型、AFA/TVS－2M 型、AP1000 型以及 CF3 型等。

秦山三期核电厂是我国首座商用重水堆核电厂，它采用加拿大成熟的坎杜 6 核电技术，使用的燃料类型为 NU－37/CANFLEX 型。重水堆使用天然铀作为燃料，不需要富集的铀（压水堆需 3%～5%的浓缩铀），燃料组件的制造较为简单并且尺寸要比压水堆燃料短小的多。在国际上，对重水堆乏燃料直接进行深地质处置是可接受的废物管理方法。

高温气冷堆作为第四代先进反应堆型之一，有望在将来得到广泛的应用。现阶段，我国山东石岛湾以及福建万安正在积极开展相关的推进工作。该堆型的燃料元件为球形，由约 8 300 个包覆的燃料球弥散在石墨基底中压制而成，单个乏燃料球的直径为 60 mm，体积约 113 cm^3，重量约 200 g。

目前各核电厂产生的乏燃料多暂存于核电厂的乏燃料水池中（图 4.1－1），暂存设计能力和年限见表 4.1－1。

表 4.1－1　中国核电机组乏燃料暂存情况

机组	首次并网时间	暂存方法	暂存设计能力	预计满容年份
秦山Ⅰ－1 号机组	1991.12	密实充填/湿法储存	35 年	2025 年
大亚湾 1 号机组	1993.08	湿法储存	10 年	2003 年
大亚湾 2 号机组	1994.02	湿法储存	10 年	2004 年
秦山Ⅱ－1 号机组	2002.02	密实充填/湿法储存	20 年	2022 年
秦山Ⅱ－2 号机组	2004.03	密实充填/湿法储存	20 年	2024 年
岭澳 1 号机组	2002.02	密实充填/湿法储存	20 年	2022 年
岭澳 2 号机组	2002.09	密实充填/湿法储存	20 年	2022 年
秦山Ⅲ－1 号机组	2002.11	干法暂存/湿法储存	40 年	2042 年
秦山Ⅲ－2 号机组	2003.06	干法储存/湿法储存	40 年	2043 年
田湾 1 号机组	2006.05	湿法储存	20 年	2026 年
田湾 2 号机组	2007.05	湿法储存	20 年	2027 年
秦山Ⅱ－3 号机组	2010.08	湿法储存	20 年	2030 年
岭澳 3 号机组	2010.09	湿法储存	20 年	2030 年
岭澳 4 号机组	2011.08	湿法储存	20 年	2031 年
秦山Ⅱ－4 号机组	2012.04	湿法储存	20 年	2032 年

图 4.1－1　秦山核电厂乏燃料水池

4.1.2　高放废物玻璃固化体

玻璃固化体是指将高放废液和玻璃原料在高温下进行熔融，放射性核素以氧化物的形式结合在玻璃结构中，将熔融的玻璃浇注在废物容器中，最终形成稳定的玻璃固化体。通过玻璃固化工艺这一高温工艺，熔融的玻璃浇注在废物容器即首层容器中，以便于贮存、运输过程中的操作；放射性核素被固定在稳定的玻璃基体中，放射性核素在水中的溶解速率因而受到了一定的限制。

目前我国核设施内已存有较多的高放废液，另外，在压水堆核电厂的乏燃料后处理过程中也将产生大量的高放废液。这些废液都将通过玻璃固化技术转化为高放玻璃固化体，在地表暂存一段时间后（通常小于 40～50 年），运往处置库进行深地质处置。

本书对深钻孔处置预研工作也主要是针对高放废物玻璃固化体进行的。动力堆乏燃料后处理的民用高放玻璃废物容器见图 4.1－2，相关数据见表 4.1－2。

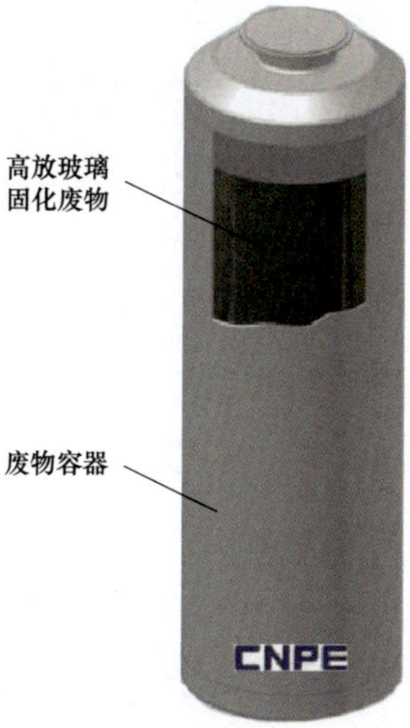

图 4.1－2　高放玻璃固体废物容器

表 4.1－2　高放玻璃固化体废物数据

项　目		数　值
材料	废物基体	硼硅酸盐玻璃
	废物容器	奥氏体不锈钢
玻璃固化废物	重量	400 kg/罐
	衰变热	800 W/罐（地面贮存 30 年后）
	放射性活度	3.5×10^{15} Bq β－γ/罐（地面贮存 30 年后） 1.0×10^{14} Bq α/罐（地面贮存 30 年后）
废物容器外部尺寸	直径	430 mm
	高	1 340 mm
	壁厚	5 mm
废物容器有效容积	玻璃废物	150 L/罐
	玻璃废物（包括容器）	500 kg/罐

4.2　拟处置废物量与废物源项特征

4.2.1　拟处置废物量

据上节可知，深钻孔处置主要的处置对象为乏燃料和高放废物玻璃固化体。

乏燃料的直接处置整备阶段产生的废物主要有：

（1）乏燃料原来的包装（如果考虑后续不再后处理，这将是最主要的废物源项）；

（2）操作过程和维修、检测过程产生的废物，包括防护用品等。

需要指出的是，不同的管理水平，废物产生的量也是截然不同的，随着国内外核技术的不断发展，废物的产生量呈现出逐年下降的趋势。

一座百万千瓦级的压水堆核电厂，每年产生一定的乏燃料，其中一些废物寿命长、一些放射毒性大，对人类环境构成长期危害。表 4.2－1 给出了罗上庚在 2007 年对百万千万级核电厂放射性废物产生量的研究，从表 4.2－1 可知，一座百万千瓦级核电厂产生的高放废物的最低值为 25 m^3/a，参考值为 30 m^3/a，最高值为 35 m^3/a。这组数据在 2014 年则降低至 18.8 t。

表 4.2–1 放射性废物产生量（1 GW·a）

<table>
<tr><th rowspan="2">核燃料循环环节</th><th rowspan="2">废物类别</th><th colspan="3">产生量/（m³/a）</th></tr>
<tr><th>最低值</th><th>参考值</th><th>最高值</th></tr>
<tr><td>采矿和水冶</td><td>低放废物</td><td>20 000</td><td>40 000</td><td>60 000</td></tr>
<tr><td>转换和富集</td><td>低放废物</td><td>20</td><td>20</td><td>20</td></tr>
<tr><td>元件制造</td><td>低放废物</td><td>20</td><td>30</td><td>30</td></tr>
<tr><td>反应堆运行</td><td>低放废物</td><td>100</td><td>130</td><td>200</td></tr>
<tr><td rowspan="5">后处理</td><td>中放废物</td><td>50</td><td>80</td><td>100</td></tr>
<tr><td>低放废物</td><td>470</td><td>580</td><td>690</td></tr>
<tr><td>中放废物</td><td>50</td><td>75</td><td>100</td></tr>
<tr><td>高放废物</td><td>20</td><td>22</td><td>25</td></tr>
<tr><td>高放废物</td><td>3.5</td><td>4</td><td>4</td></tr>
<tr><td>乏燃料（一次通过）</td><td>高放废物</td><td>25</td><td>30</td><td>35</td></tr>
</table>

中国核能的持续发展，对核燃料循环后端建设提出了迫切需求。根据有关规划测算，2020 年我国乏燃料累计产量约 1 万 t。

按照 2020 年我国核电运行容量 5 800 万千瓦目标计算，一个百万千瓦级压水堆每年产生乏燃料约 18.8 t，届时当年从反应堆中卸出的乏燃料预计超过 1 000 t。到 2030 年，我国乏燃料产生量、累计与离堆贮存量将分别达到 2 000 t、23 500 t 和 15 000 t。

对于玻璃固化体而言，我国规划建设的核燃料循环科技示范项目及大型核燃料后处理厂，处理能力分别为 200 t 与 800 t，两座厂的投产时间分别为 2024 年、2031 年，服役期限为 40 年。对于 200 t 后处理厂，每年后处理约产生玻璃固化体 250 罐（170 L），40 年寿期预计产生 10 000 罐的废物量，因而体积为 1 700 m^3，相应的大型后处理厂产生的玻璃固化体体积为 6 800 m^3。需要注意的是，这部分体积仅为废物容器对应的体积，而处置体积预计将达到 20 000 m^3。

表 4.2–2 给出了我国总共将需要处置的高放废物体积。

表 4.2–2 我国产生的最终高放废物量预估值

<table>
<tr><th>序号</th><th>源项类型</th><th>来源</th><th>重量/tHM</th><th>包装体积/m³</th><th colspan="2">处置体积/m³</th><th>占总体积的百分数</th></tr>
<tr><td>1</td><td rowspan="4">玻璃固化体</td><td>821 厂</td><td>—</td><td>**</td><td>**</td><td rowspan="4">≈20 000</td><td rowspan="4">4.2%</td></tr>
<tr><td>2</td><td>中试厂</td><td>—</td><td>**</td><td>**</td></tr>
<tr><td>3</td><td>示范工程</td><td>—</td><td>1 700</td><td>3 778</td></tr>
<tr><td>4</td><td>大型后处理厂</td><td>—</td><td>6 800</td><td>15 112</td></tr>
</table>

续表

序号	源项类型	来源	重量/tHM	包装体积/m³	处置体积/m³		占总体积的百分数
5	高放固体废物	821 厂	—	**	**	≈30 000	6.29%
6		中试厂	—	**	**		
7		示范工程	—	2 400	6 000		
8		大型后处理厂	—	9 600	24 000		
9	α 废物	821 厂	—	**	**	≈6 000	1.26%
10		中试厂	—	**	**		
11		示范工程	—	333	1 110		
12		大型后处理厂	—	1 333	4 444		
13	压水堆乏燃料	压水堆	155 772	—	311 544		65.3%
14	MOX 乏燃料	快堆	2 400	—	4 800		1.01%
15	重水堆乏燃料	重水堆	15 131	—	10 149		2.13%
16	高温气冷堆乏燃料	高温气冷堆	1 319	47 120	94 240		19.8%
17	其他乏燃料	其他反应堆	暂无	—	—		—
合计					556 689		1

下面对各废物源项深钻孔处置适用性进行筛选分析，见表 4.2－3。

表 4.2－3　我国深钻孔处置对象初步分析

废物类型	废物量预估（截止到 2070 年）	尺寸规格	深钻孔处置适用性分析	初步结论
压水堆乏燃料	未经后处理的压水堆乏燃料约 311 544 m³	不同机组类型大小存在差异，总体方形断面长和宽介于 200～214 mm，六边形对边间距为 235 mm，高 3 500～4 800 mm	根据我国后处理能力，部分压水堆乏燃料需直接处置，燃料组件断面尺寸较小，可考虑进行深钻孔处置，但应关注废物可回取问题	√
高温暖气冷堆乏燃料	约 94 240 m³	含大量石墨基体，球形结构，直径 60 mm	废物体积大，后处理策略尚未确定，由于石墨基体对核素的包容作用，可考虑进行埋深稍浅的深钻孔处置	√
高放固体废物	约 30 000 m³	/	种类多、形状不规则、整备后体积大，不适宜进行深钻孔处置	×
玻璃固化体	约 20 000 m³	圆柱体废物，废物容器直径 430 mm，高 1 340 mm	回收利用价值不高，可考虑进行深钻孔处置，但断面尺寸大于乏燃料，处置难度相对增大，需进行研发论证	√

续表

废物类型	废物量预估（截止到 2070 年）	尺寸规格	深钻孔处置适用性分析	初步结论
重水堆乏燃料	约 10 149 m^3	圆形断面，直径 102.3 mm，高 495.3 mm	目前尚无后处理计划，断面尺寸较小，可考虑进行深钻孔处置，但应关注废物可回取问题	√
MOX 乏燃料	约 4 800 m^3	对边间距 44～180 mm，高介于 450～1 000 mm（按用于快堆考虑）	断面尺寸较小，且回收利用价值不高，可考虑进行深钻孔处置	√
α 废物	约 6 000 m^3	/	种类多、形状不规则、整备后体积大，不适宜进行深钻孔处置	×

从表 4.2－3 可知，我国可考虑进行深钻孔处置的高放废物包括压水堆乏燃料、高温气冷堆乏燃料、重水堆乏燃料、MOX 乏燃料与玻璃固化体，其中乏燃料占比较大，下文将重点介绍乏燃料废物源项特征。

4.2.2　压水堆乏燃料废物源项特征

据中国核能行业协会核电营运信息网（CINNO），截至 2017 年年底，我国已投入商运 37 台核电机组（机组排序以 IAEA－PRIS 数据库中我国机组的 CN 号为准），相应的控股方分别为中核集团和中国广核集团，其各个核电厂的所选用的机组堆型及燃料类型如表 4.2－4 所示。另外，我国正在进行的 AP1000（浙江三门），EPR（广东台山核电厂），以及高温气冷堆（山东石岛湾）等相关工作，各自亦使用不同类型的燃料类型。

表 4.2－4　我国商运核电基础信息统计表

核电厂/机组		统一机组号	堆型	燃料类型	地点	开工日期	商业运行	控股方
秦山核电厂		CN01	CNP300	FA300	浙江省嘉兴市海盐县秦山镇双龙岗	1985.3	1994.4	中核
大亚湾核电厂	1 号机组	CN02	M310	AFA－3G	广东省深圳市龙岗区大鹏半岛	1987.8	1994.2	中广核
	2 号机组	CN03	M310	AFA－3G		1988.4	1994.5	
秦山第二核电厂	1 号机组	CN04	CNP650	AFA－2G/3G	浙江省嘉兴市海盐县秦山镇杨柳山	1996.6	2002.4	中核
	2 号机组	CN05	CNP650	AFA－2G/3G		1997.4	2004.5	
	3 号机组	CN14	CNP650	AFA－2G/3G		2006.4	2011.10	
	4 号机组	CN15	CNP650	AFA－2G/3G		2007.1	2012.4	

续表

核电厂/机组		统一机组号	堆型	燃料类型	地点	开工日期	商业运行	控股方
岭澳核电厂	1 号机组	CN06	CRP1000	AFA－2G/3G	广东省深圳市龙岗区大鹏半岛	1997.5	2002.5	中广核
岭澳核电厂	2 号机组	CN07	CRP1000	AFA－2G/3G	广东省深圳市龙岗区大鹏半岛	1997.5	2003.1	中广核
岭澳核电厂	3 号机组	CN12	CRP1000	AFA－2G/3G	广东省深圳市龙岗区大鹏半岛	2005.12	2010.7	中广核
岭澳核电厂	4 号机组	CN13	CRP1000	AFA－2G/3G	广东省深圳市龙岗区大鹏半岛	2006.6	2011.8	中广核
秦山第三核电厂	1 号机组	CN08	CANDU6	CANDU6	浙江省嘉兴市海盐县秦山镇核电厂区	2006.3	2002.12	中核
秦山第三核电厂	2 号机组	CN09	CANDU6	CANDU6	浙江省嘉兴市海盐县秦山镇核电厂区	1998.9	2003.7	中核
田湾核电厂	1 号机组	CN10	VVER1000	VVER1000	江苏省连云港市高公岛乡柳河村田湾	1999.10	2007.5	中核
田湾核电厂	2 号机组	CN11	VVER1000	VVER1000	江苏省连云港市高公岛乡柳河村田湾	2000.9	2007.8	中核
红沿河核电厂	1 号机组	CN16	CPR1000	全 M5－AFA－3G	辽宁省大连市瓦房店红沿河镇	2007.8	2013.6	中广核
红沿河核电厂	2 号机组	CN17	CPR1000	全 M5－AFA－3G	辽宁省大连市瓦房店红沿河镇	2008.3	2014.5	中广核
红沿河核电厂	3 号机组	CN26	CPR1000	全 M5－AFA－3G	辽宁省大连市瓦房店红沿河镇	2009.3	2015.8	中广核
红沿河核电厂	4 号机组	CN27	CPR1000	全 M5－AFA－3G	辽宁省大连市瓦房店红沿河镇	2009.8	2016.9	中广核
宁德核电厂	1 号机组	CN18	CPR1000	全 M5－AFA－3G	福建省宁德市福鼎市秦屿镇备湾村	2008.2	2013.4	中广核
宁德核电厂	2 号机组	CN19	CPR1000	全 M5－AFA－3G	福建省宁德市福鼎市秦屿镇备湾村	2008.11	2014.5	中广核
宁德核电厂	3 号机组	CN34	CPR1000	全 M5－AFA－3G	福建省宁德市福鼎市秦屿镇备湾村	2010.1	2015.6	中广核
宁德核电厂	4 号机组	CN35	CPR1000	全 M5－AFA－3G	福建省宁德市福鼎市秦屿镇备湾村	2010.9	2016.7	中广核
福清核电厂	1 号机组	CN20	M310	全 M5－AFA－3G	福建省福清市三山镇前薛村	2008.11	2014.8	中核
福清核电厂	2 号机组	CN21	M310	全 M5－AFA－3G	福建省福清市三山镇前薛村	2009.6	2015.8	中核
福清核电厂	3 号机组	CN42	M310	全 M5－AFA－3G	福建省福清市三山镇前薛村	2010.12	2016.9	中核
福清核电厂	4 号机组	–	M310	全 M5－AFA－3G	福建省福清市三山镇前薛村	2012.11	2017.9	中核
阳江核电厂	1 号机组	CN22	CPR1000	全 M5－AFA－3G	广东省阳江市东平镇沙环村	2008.12	2014.3	中广核
阳江核电厂	2 号机组	CN23	CPR1000	全 M5－AFA－3G	广东省阳江市东平镇沙环村	2009.6	2015.6	中广核
阳江核电厂	3 号机组	CN40	CPR1000	全 M5－AFA－3G	广东省阳江市东平镇沙环村	2010.11	2016.1	中广核
阳江核电厂	4 号机组	–	CPR1000	全 M5－AFA－3G	广东省阳江市东平镇沙环村	2012.11	2017.3	中广核
方家山核电厂（秦山核电扩建项目）	1 号机组	CN24	CNP1000	AFA－3G	浙江省嘉兴市海盐县秦山镇双龙岗	2008.12	2014.12	中核
方家山核电厂（秦山核电扩建项目）	2 号机组	CN25	CNP1000	AFA－3G	浙江省嘉兴市海盐县秦山镇双龙岗	2009.7	2015.1	中核
昌江核电厂	1 号机组	CN36	CNP650	全 M5－AFA－3G	海南省昌江县海尾镇唐兴村	2010.4	2015.12	中核
昌江核电厂	2 号机组	CN37	CNP650	全 M5－AFA－3G	海南省昌江县海尾镇唐兴村	2010.11	2016.8	中核
防城港核电厂	1 号机组	CN38	CPR1000	全 M5－AFA－3G	广西防城港市企沙半岛东侧	2010.7	2016.1	中广核
防城港核电厂	2 号机组	CN39	CPR1000	全 M5－AFA－3G	广西防城港市企沙半岛东侧	2010.12	2016.10	中广核

4.2.2.1 FA300 型燃料组件[54]

FA300 系列燃料组件是我国自主研究、设计、试验和制造的压水堆燃料组件，且已成功应用于秦山一期 CNP300 堆型核电厂和巴基斯坦恰希玛核电厂 ACP1000 核电机组的 1，2 号机组。该类型燃料组件的研发始于 20 世纪 70 年代，后续又开展了一系列持续的设计改进工作，使得 300 MWe 燃料组件的性能不断得到优化提高，满足了不同的用户需求。该组件的设计铀燃耗为 25 000 MW • d/tU，经过改进现已达到 33 000 MW • d/tU，现阶段 FA300 燃料组件的设计最大卸料燃耗可达到约 40 000 MW • d/tU。FA300 燃料棒的主要设计特点包括优化的低锡 Zr－4 包壳以及带倒角的 UO_2 芯块。

FA300 型燃料组件设计参数如表 4.2－5 所示。

表 4.2－5　FA300 型燃料组件设计参数

燃料棒排列方式	15 × 15
燃料组件外形尺寸/（mm×mm×mm）	199.3 × 199.3 × 3 500
燃料组件质量/kg	462.54
燃料组件含铀量/kg	336.2
每个燃料组件中燃料棒数目	204
每个组件中导向管数目	20
每个组中通量测量管数目	1

4.2.2.2 AFA/TVS－2M 型燃料组件[55]

我国从俄罗斯引进了 WWER－1000/V428 型反应堆堆型，该堆型的堆芯由 163 组 WWER－1000 改进型燃料组件（AFA/TVS－2M）和改进型控制棒组件及可燃毒物组件组成。然而，可燃毒物组件仅仅用于初始堆芯，在后续燃料循环中用含 Gd 的燃料棒替代可燃毒物组件。堆芯中不设置阻流塞组件和中子源组件。

田湾核电厂 3、4 号机组，将从首炉堆芯开始就使用 TVS－2M 燃料组件；首循环将使用平均富集度为 1.6%、2.4%及 3.615%的普通燃料组件，以及 2.382%和 3.606%的含钆燃料组件；后续循环使用平均富集度为 3.606%和 3.997%的含钆燃料组件，以及 4.1%的普通燃料组件。上述含钆燃料组件均含有 7 根含钆燃料棒，Gd_2O_3 的质量百分比为 5%。通过 5 次换料后，田湾核电厂 3、4 号机组将达到平衡循环，相应的等效满功率小时（EFPH）数为 7 000，燃料组件平均卸料燃耗为 43 MW • d/kg（U）。

其中 AFA/TVS－2M 型燃料组件设计参数如表 4.2－6 所示。

表 4.2－6　AFA/TVS－2M 型燃料组件设计参数（燃料组件）

燃料棒排列方式	六棱柱形
燃料组件外形尺寸/mm	高 4 570 对边间距 235
燃料组件质量/kg	705
燃料组件含铀量/kg	489.8
每个燃料组件中燃料棒数目	331
每个组件中导向管数目	18
每个组中通量测量管数目	1
每个组中仪器监测管数目	1

4.2.2.3　AFA－2G/3G 型燃料组件

AFA－3G 燃料组件是法国阿海珐集团珐玛通核能公司开发和设计的高燃耗燃料组件，其组件燃耗可达到 60 GW・d/tU，燃料棒的最大燃耗可达到 65 GW・d/tU。大亚湾核电厂在前期工作中均采用了 AFA－2G 燃料组件，从 2002 年第 9 个燃料循环开始采用 AFA－3G 进行换料，并按照 18 个月换料循环周期运行。由于 AFA－3G 燃料组件的燃耗高，其包壳材料为新的锆合金材料 M5，并且从 1998 年首批 AFA－3G 组件才装载使用。目前宁德核电厂也采用该燃料组件，同时为兼顾堆芯设计的先进性、燃料经济性和控制工程风险，宁德核电厂 1、2 号机组通过采用 12 个月转 18 个月换料的燃料管理方案进行换料，即首循环采用年度换料模式，并采用钆作为可燃毒物，从第二循环开始快速向 18 个月换料过渡。

该类型燃料组件由 264 根燃料棒、24 根导向管和 1 根仪表管构成，这些管、棒排列在一个支撑结构内。仪表管位于组件的中心，它为堆内中子探测器的插入提供通道。导向管不仅为控制棒组件的插入提供了通道，也为中子源组件和阻流塞组件的插入提供了通道。燃料棒装载在燃料组件的骨架上，燃料棒两端分别和上、下管座之间保持一定的间距。

在反应堆的堆芯由燃料组件排列构成，所有的燃料组件均为 AFA－3G 型，它们在机械设计上是相同的，只是燃料富集度不同。第一循环堆芯采用三种富集度的燃料，布置在堆芯的三个区域里，其富集度分别为 1.8%、2.4%、3.1%，换料燃料富集度为 4.45%。

如前所述，从第 1 循环开始，宁德核电厂一期工程即装载 AFA3G 燃料组件，该组件和 AFA－2G 相比，AFA－3G 进行的重要改进包括：

—M5 合金（再结晶）代替锆－4 合金（消除应力热处理）用作包壳材料；

—增加燃料棒总长度；增加燃料棒气腔长度；

—降低燃料棒充气压力；

—改进燃料棒端塞设计；

—新的防异物下管座设计（TRAPPER™）；

—加固（扩大和加厚）导向管（MONOBLOC™）；

—第 4、5、6、7 层结构格架间分别引入 1 个跨间搅混格架。

表 4.2－7 和表 4.2－8 分别给出了 AFA－3G 燃料组件主要结构设计参数以及对应燃料棒的主要设计参数。图 4.2－1 和图 4.2－2 则分别给出了宁德 1～4 号机组反应堆内部所用的燃料组件的轮廓图。

表 4.2－7　AFA－3G 燃料组件主要结构设计参数

燃料组件类型	17×17－25（AFA－3G）
燃料棒数/根	264
燃料组件高度（不含弹簧）/mm	4 060
燃料组件横向尺寸/mm	214×214
燃料组件含铀量/kg	461
燃料组件质量/kg	670
燃料棒长度/mm	3 862.2
燃料组件长度/mm	4 060
格架数目/个	8+3
导向管和仪表管材料	Zr－4 合金

表 4.2－8　AFA－3G 燃料棒主要设计参数

包壳	包壳材料	M5（再结晶）
	包壳内/外径/mm	8.36/9.50
	包壳厚度/mm	0.57
	燃料柱长度/mm	3 657.6（12 in）

续表

UO_2芯块	芯块密度/（g/cm^3）	10.41
	芯块直径/mm	8.192
	芯块高度/mm	13.46
	碟形深度/mm	0.305
	碟形球面直径/mm	14.90
	倒角深度/宽度/mm	0.195/0.57
	体积/mm^3	698.06
	富集度	初始堆芯：1.8%、2.4%/3.1%；换料：4.45%
贮气腔长度/mm		180.9
燃料棒总长度/mm		3 867.1
预充氦气压力/MPa		2.0

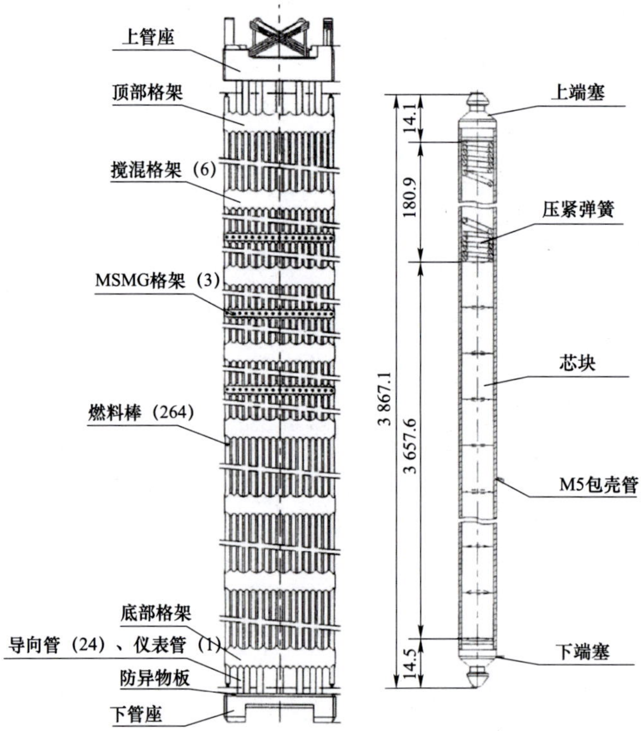

图 4.2-1　AFA-3G 燃料组件和燃料棒组成示意轮廓图（宁德 1、2 号机组）

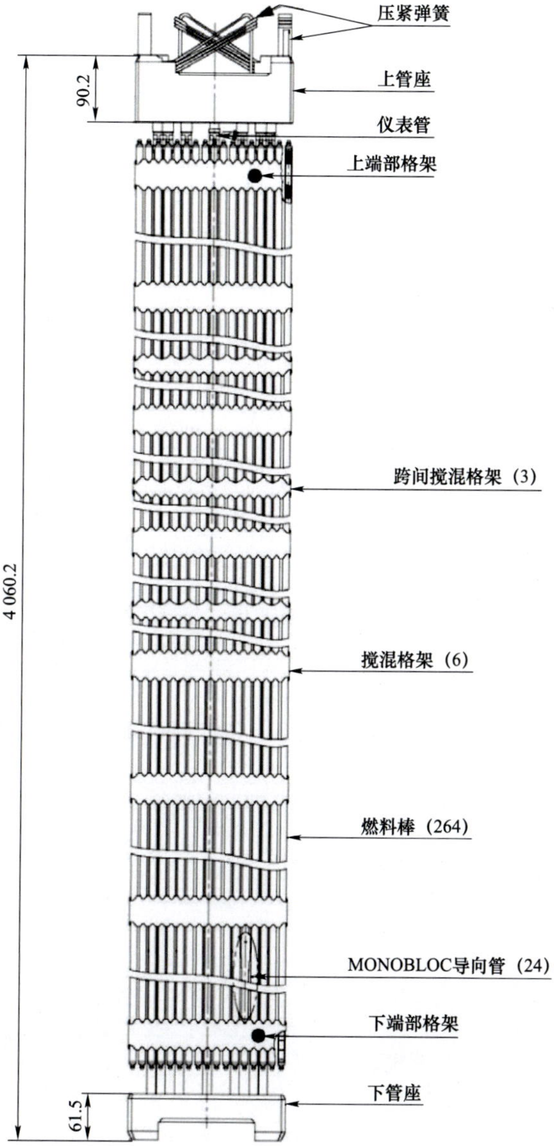

图 4.2－2　AFA－3G 燃料组件（宁德三、四号机组）

1～4 号机组由 157 个 AFA－3G 燃料组件组成，宁德核电厂的堆芯积存量由 ORIGEN－S 程序计算（表 4.2－9），计算时所用的假定包括：

—堆芯根据燃耗分为三个燃料区；

—堆芯热功率 2 895 MW；

—堆芯燃料组件数目为 157，组件所含重金属质量为 461 kg（含铀量）；

—新组件富集度为 4.45%。

表 4.2-9 堆芯裂变产物存量（累积在燃料和燃料包壳间隙中）

核素	各燃耗区活度（10^8 GBq）			总活度（10^8 Bq）		堆芯最大（10^8 GBq）
	每个组件			每区燃料组件数目		
	新组件	经过一个循环组件	经过 2 个循环组件	76/68/13	64/72/21	
I-131	0.179	0.181	0.183	28.3	28.4	28.7
I-132	0.263	0.265	0.266	41.5	41.5	41.8
I-133	0.388	0.381	0.377	60.3	60.2	60.9
I-134	0.449	0.430	0.419	68.8	68.5	70.5
I-135	0.367	0.360	0.358	57.0	56.9	57.6
Kr-83m	0.030 7	0.026 1	0.023 0	4.41	4.33	4.82
Kr-85	0.001 48	0.002 19	0.002 33	0.291	0.301	0.366
Kr-85 m	0.069 1	0.056 6	0.048 4	9.73	9.52	10.8
Kr-87	0.142	0.115	0.097 5	19.9	19.4	22.4
Kr-88	0.201	0.161	0.136	28.0	27.4	31.6
Xe-131m	0.002 18	0.002 49	0.002 68	0.370	0.375	0.421
Xe-133	0.385	0.381	0.372	60.0	59.9	60.4
Xe-133m	0.011 7	0.011 8	0.011 8	1.84	1.84	1.86
Xe-135	0.123	0.120	0.108	18.9	18.7	19.3
Xe-135m	0.075 8	0.078 5	0.079 6	12.1	12.2	12.5
Xe-138	0.367	0.339	0.324	55.1	54.7	57.6

4.2.2.4 AFG-3GL 型燃料组件

AFG-3GL 型燃料组件为 EPR 机组所采用的燃料组件，EPR 机组是由法国阿海珐公司联合德国西门子公司在法国 N4 和德国 KONVOI 机组的基础上开发的四环路压水堆，其在役检查活动主要依据法国核岛设备设计、建造及在役检查规则协会（简称 AFCEN）发布的“压水堆核电厂核岛机械设备在役检查规则”（简称 RSE-M 规范），同时参考了法国 N4 和德国 KONVOI 机组的相关实践经验。

我国的台山核电厂采用的就是三代 EPR 堆型。堆芯由 241 根 4.20 m 燃料组件构成，既可以装载铀燃料组件，也可以装载 MOX 燃料组件。图 4.2-3 为 AFA-3GLE 燃料组件及相应栅格的轮廓示意图。

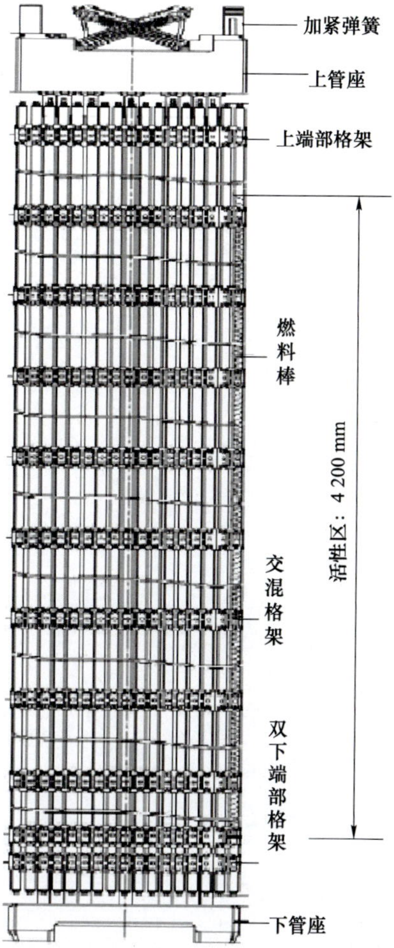

图 4.2-3　EPR 采用的 AFA-3GLE 燃料组件轮廓示意图

4.2.2.5　ROBUST XL 型燃料组件

ROBUST XL 燃料组件是应用于 AP1000 堆型的燃料组件，而 AP1000 是由美国西屋公司设计研发的非能动安全先进压水堆，是我国引进、消化、吸收的第三代反应堆堆型。我国三门核电一期工程两台核电机组采用的是西屋公司 AP1000 型核电机组，为 AP600 基础上设计开发而成。三门核电一期工程机组所用燃料组件为 17×17 ROBUST XL 型燃料组件，该燃料组件是基于 RFA-2 组件和 RFA-2（XL）组件改进而成的，呈 17×17 方阵排列，包含 264 根燃料棒，24 根控制棒导向管，1 根中央测量管。美国核管会（NRC）批准的 ROBUST XL 燃料组件设计平均燃耗为 60 000 MW·d/tU，燃料单棒为 62 000 MW·d/tU。为了适应深燃耗和长循环，AP1000 采用 ZIRLO 包壳管，在深燃耗下其氧化膜厚度只及 Zr-4 合金的 1/3，辐照增长量较 Zr-4 最佳估计小 1/4。

AP1000 核电机组单个堆芯中共有 157 组 ROBUST XL 燃料组件，首循环堆芯装铀量为 84.67 t。我国的河北海兴核电厂一期工程采用的堆型即为 AP1000 型核电机组，燃料换料周期为 18 个月，每次换料装载 64 组燃料组件，其中 36 组组件的富集度为 4.45 wt%，28 组组件的富集度为 4.95 wt%。单台机组每年换料需要核燃料（铀）23 t，需要天然铀约为 244 t，电站全寿期（60 年）天然铀消耗量约为 14 800 t，浓缩铀消耗量约为 1 430 t。

表 4.2－10 和表 4.2－11 给出了 ROBUST XL 型燃料组件及相应燃料棒的设计参数，图 4.2－4 为 ROBUST XL 型燃料组件及相应栅格的轮廓示意图。

表 4.2－10　AP1000 型燃料组件设计参数

燃料棒排列方式		17×17（289＝264＋24＋1）
燃料组件外形尺寸/（mm×mm×mm）		214.0 × 214.0 × 4 795.5
燃料组件高度/mm		4 795.52
燃料组件质量/kg		794
每个燃料组件中燃料棒数目		264
每个组件中导向管数目		24
每个组中仪表管数目		1
导向管	材料	ZIRLO
	外径/mm	12.24
	内径/mm	11.23
缓冲管	外径/mm	10.92
	内径/mm	10.08
仪表管	材料	ZIRLO
	外径/mm	12.24
	内径/mm	11.23
格架数目（层）	中间格架	8
	中间搅混格架	4
	顶部和底部结构格架	各 1
	保护格架	1

续表

格架材料	中间格架	ZIRLO
	中间搅混格架	ZIRLO
	顶部和底部结构格架	INCONEL－718
	保护格架	INCONEL－718
格架外形尺寸/（mm×mm×mm）	中间格架	213.82×213.82×38.10
	中间搅混格架	213.00×213.00×12.07
	顶部和底部结构格架	214.02×214.02×38.66
	保护格架	213.56×213.56×14.99

表 4.2－11　AP1000 型燃料组件燃料棒的设计参数

燃料棒长度/mm		4 583.2
活性区长度/mm		4 267.2（14 ft）
气腔长度/mm	上气腔	164.5
	下气腔	122.56
气腔压紧弹簧材料		AISI302 不锈钢
燃料包壳		
材料		ZIRLO
外径/mm		9.5
厚度/mm		0.57
燃料芯块		
材料		浓缩 UO_2
最大富集度（w/o）		4.95
燃料芯块尺寸/mm	实心圆柱芯块	ϕ8.19 × 9.83
	长芯块/mm	ϕ8.19 × 12.70
	环形芯块	外径为ϕ8.19，内径为ϕ3.94，高度为 12.70
密度/（g/cm^3）		10.47（95.5%理论密度）

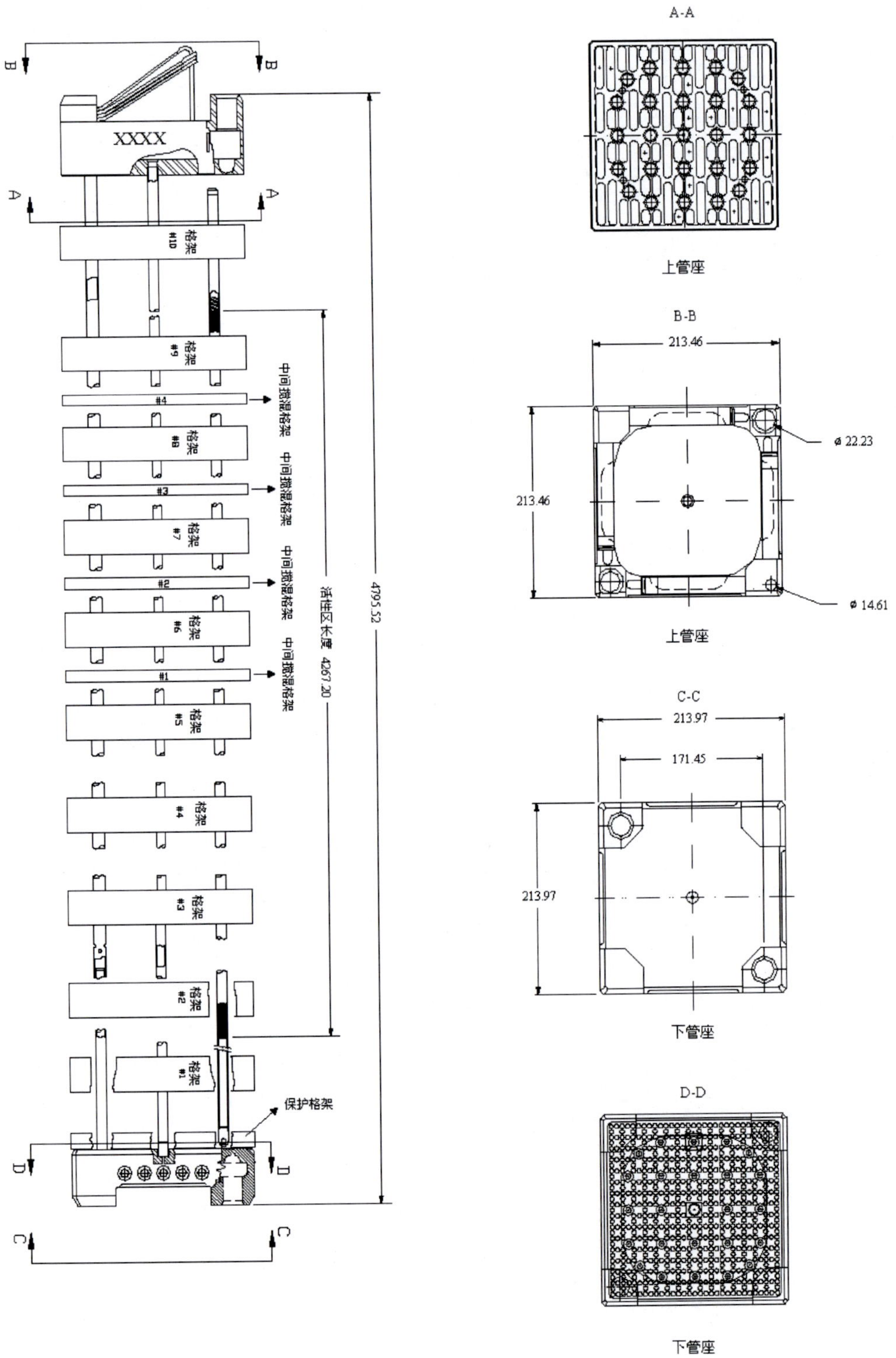

图 4.2－4　ROBUST XL 型燃料组件结构简图

表 4.2－12　堆芯主要裂变产物的积存量　　单位：GBq

	核素	积存量		核素	积存量
碘	I－130	6.92×10^{7}	惰性气体	Kr－85m	9.32×10^{8}
	I－131	3.51×10^{9}		Kr－85	3.96×10^{7}
	I－132	5.11×10^{9}		Kr－87	1.84×10^{9}
	I－133	7.21×10^{9}		Kr－88	2.46×10^{9}
	I－134	8.10×10^{9}		Xe－131m	3.81×10^{7}
	I－135	6.84×10^{9}		Xe－133m	2.25×10^{8}
铯组	Cs－134	6.10×10^{8}		Xe－133	7.10×10^{9}
	Cs－136	1.43×10^{8}		Xe－135m	1.51×10^{9}
	Cs－137	4.03×10^{8}		Xe－135	1.43×10^{9}
	Cs－138	6.73×10^{9}		Xe－138	6.14×10^{9}
	Rb－86	6.66×10^{6}	镧组	Y－90	3.23×10^{8}
碲组	Te－127m	5.07×10^{7}		Y－91	4.55×10^{9}
	Te－127	3.12×10^{8}		Y－92	4.66×10^{9}
	Te－129m	1.75×10^{8}		Y－93	5.25×10^{9}
	Te－129	9.21×10^{8}		Nb－95	6.10×10^{9}
	Te－131m	6.95×10^{8}		Zr－95	6.03×10^{9}
	Te－132	4.99×10^{9}		Zr－97	5.99×10^{9}
	Sb－127	3.22×10^{8}		La－140	6.55×10^{9}
	Sb－129	9.88×10^{8}		La－142	5.62×10^{9}
钌组	Ru－103	5.33×10^{9}		Pr－143	5.33×10^{9}
	Ru－105	3.67×10^{9}		Nd－147	2.26×10^{9}
	Ru－106	1.68×10^{9}		Am－241	3.85×10^{5}
	Rh－105	3.41×10^{9}		Cm－242	1.04×10^{8}
	Mo－99	6.55×10^{9}		Cm－244	8.95×10^{6}
	Tc－99m	5.77×10^{9}	铈组	Ce－141	5.88×10^{9}
钡和锶组	Sr－89	3.51×10^{9}		Ce－143	5.48×10^{9}
	Sr－90	3.09×10^{8}		Ce－144	4.51×10^{9}
	Sr－91	4.33×10^{9}		Pu－238	8.21×10^{6}
	Sr－92	4.62×10^{9}		Pu－239	9.31×10^{5}
	Ba－139	6.39×10^{9}		Pu－240	1.47×10^{6}
	Ba－140	6.22×10^{9}		Pu－241	3.74×10^{8}
				Np－239	7.36×10^{10}

注：假设堆芯热功率为 3 434 MW（比设计热功率 3 400 MW 大 1%）

4.2.2.6 CF3 型燃料组件

CF3 燃料组件采用了 17×17 排列方式，包括 264 根燃料棒、24 根导向管、1 根仪表管、11 个定位格架（2 个端部格架、6 个结构搅混格架以及 3 个跨间搅混格架）、上管座部件、下管座部件等。CF3 燃料组件设计目标燃耗为 55 000 MW·d/t（U），可完全满足大型商用核电厂 18 个月长循环的使用要求。CF3 燃料棒采用先进国产 N36 锆合金作为包壳材料，具有抗腐蚀能力及吸氢性能好、辐照生长速率低、力学性能好等优异的综合性能。燃料棒气腔及弹簧优化设计，可更好地包容高燃耗下释放的裂变气体。CF3 改进型燃料组件在热工水力性能、力学性能、燃耗指标等方面已达到当前国际先进水平，满足第三代核电厂对燃料组件安全性和先进性的需求（表 4.2－13，图 4.2－5）。

表 4.2－13　CF3 燃料组件主要结构设计参数

燃料组件类型	17×17－25（CF3）
燃料棒数/根	264
燃料组件高度（不含弹簧）/mm	4 060
燃料组件横向尺寸/mm	214×214
燃料组件含铀量/kg	460
燃料组件质量/kg	670
燃料棒长度/mm	3 862.2
燃料组件长度/mm	4 060
燃料棒外径/mm	9.5
燃料芯块高度/mm	13.46
燃料芯块直径/mm	8.19
包壳材料	N36 合金
包壳厚度/mm	0.57
定位格架条带材料	Zr－4 合金
定位格架弹簧片材料	Inconel718
格架数目/个	8＋3
导向管和仪表管材料	Zr－4 合金

我国目前正在设计建设的漳州华龙一号核电机组堆芯共有 177 组燃料组件，初始堆芯燃料组件的燃料富集度分 1.8%、2.4%、3.1%和 3.9%四种，其对应组件数量分别为 21、64、72、20 组，首循环采用 18 个月换料制，从第二循环开始，堆芯采用低泄漏装载方式，

每次换料更换 72 组燃料组件，并在第五循环达到平衡循环状态，平衡循环时装入堆芯的新燃料组件的富集度为 4.45%和 4.95%。根据 18 个月换料制和每组 CF3 燃料组件含铀量约为 0.46 t 计，首循环堆芯装铀量约 81.42 t，每台机组每次换料需装入约 33.12 t 核燃料（铀），平均到每年约为 22.08 t，与此同时以乏燃料形式卸出相同数量的燃料组件。电厂全寿期（60 年）将共产生 2 985 组燃料组件，其对应的浓缩铀消耗量约为 1 373.1 t，天然铀消耗量约为 12 620.04 t。每组燃料组组件的质量为 0.67 t，则在全寿期将约产生 2 000 t 的乏燃料。

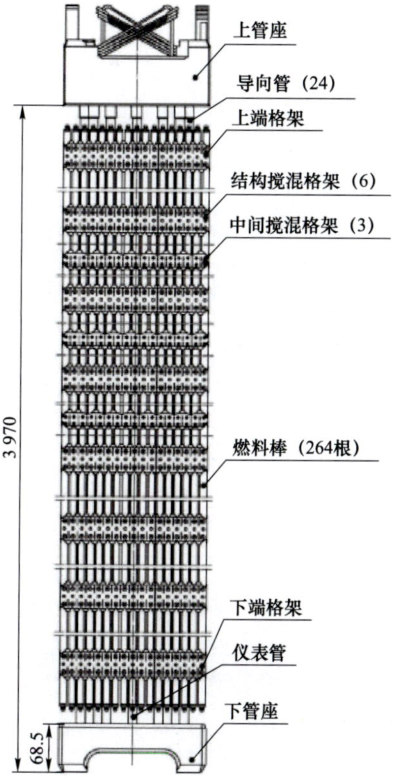

图 4.2-5　CF3 燃料组件示意图

4.2.2.7　NU-37/CANFLEX 型燃料组件

秦山三期核电厂是我国首座商用重水堆核电厂，该堆型引进了加拿大成熟的 CANDU 堆技术。由于重水堆使用重水作为慢化剂，因而只需要天然铀而无需富集铀作为燃料，燃料组件的制备也较为简单。重水堆组件断面为圆形，直径和高分别为 102.3 mm 和 495.3 mm，因而其尺寸较一般的压水堆燃料相对较短。

重水堆核燃料的燃耗较压水堆低，相应的乏燃料中产生的裂变产物也较少，加之该燃料本身为天然铀，因此该堆型的乏燃料具有较低的释热量和毒性，故而需要的屏蔽标准较低，相应处置操作也较为简单。同时重水堆乏燃料为天然铀使用后的燃料废物，致使其后处理工作所需的成本较高，故而如需对该类乏燃料进行后处理则需要进一步提高其经济效率，且与国际铀价有着密切的联系。我国目前尚未有重水堆乏燃料后处理的计划，目前计划将这些乏燃料经过暂存后，直接送至深地质处置库进行处置。

NU－37组件采用同一直径（13.1 mm）的4环37根燃料元件棒棒束结构；而CANFLEX组件由43根燃料元件棒组成，分为两种不同的尺寸：内部二环8根采用大直径（13.5 mm）的燃料元件棒，外部二环35根采用小直径（11.5 mm）的燃料元件棒。CANFLEX组件的长度和外径与NU－37组件一样（棒束长495.30 mm，棒束外径102.29 mm）。

表4.2－14为重水堆乏燃料主要结构设计参数，图4.2－6和图4.2－7给出了两种不同类型的重水堆燃料组件的示意图和实体图。

表 4.2－14　重水堆乏燃料主要结构设计参数

项　　目	数　　值
棒束长度	（495.30±0.76）mm
棒束直径	102.5 mm
燃料棒数目	37根
燃料棒束初始铀含量	19.1 kg
正常的燃料棒束质量	23.9 kg
正常的燃料棒束 UO_2 质量	21.7 kg
最大平均铀燃耗	7 800 MW·d/t
每个棒束的平均释热量（对应于最大平均燃耗和池内6年冷却时间）	6.08 W
乏燃料池内的贮存时间（对应于平均释热量）	6年

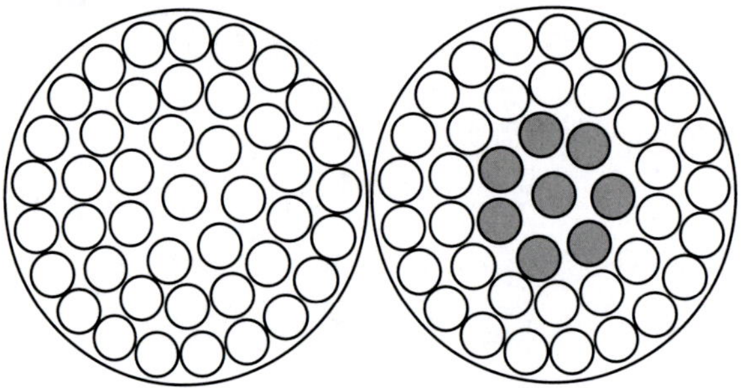

图 4.2－6　CANFLEX 型燃料组件

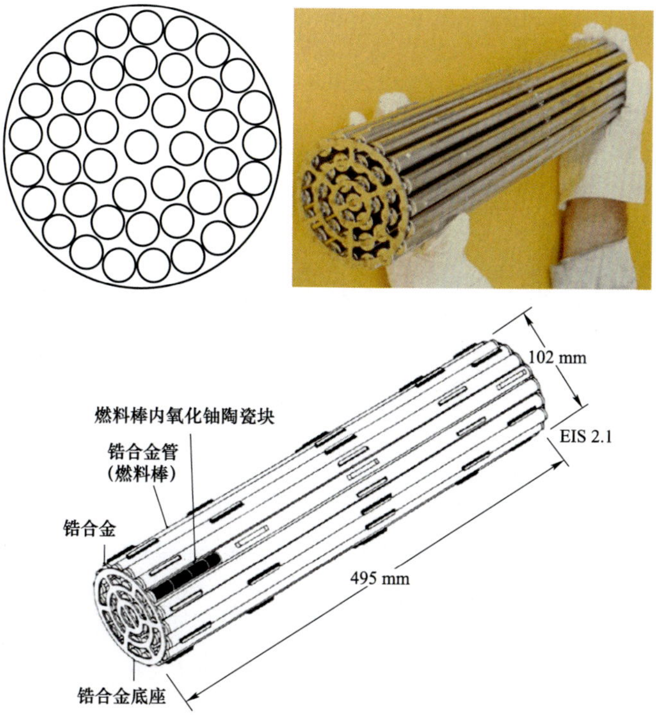

图 4.2-7　NU-37 型燃料组件

在 CANFLEX 组件采用两种尺寸燃料元件棒的几何结构，有利于展平棒束内的功率分布，使元件的峰值功率降低。更有利于反应堆的平稳运行。

表 4.2-15　重水堆乏燃料产生量

<table>
<tr><th>废物来源</th><th>运行时间</th><th>停堆时间</th><th>乏燃料年棒束量/个</th><th>乏燃料年产量/tHM</th><th>乏燃料总量/tHM</th></tr>
<tr><td>秦山三期 1 号机组</td><td>2002 年</td><td>2041 年</td><td>4 800</td><td rowspan="2">190</td><td rowspan="4">15 131</td></tr>
<tr><td>秦山三期 2 号机组</td><td>2003 年</td><td>2042 年</td><td>4 800</td></tr>
<tr><td>新建 1 号机组</td><td>2022 年</td><td>2061 年</td><td>4 800</td><td rowspan="2">190</td></tr>
<tr><td>新建 2 号机组</td><td>2022 年</td><td>2061 年</td><td>4 800</td></tr>
</table>

4.2.2.8　HTP-PM 燃料元件

高温气冷堆作为第四代先进反应堆型之一，有望在将来得到广泛的应用。现阶段，我国山东石岛湾以及福建万安正在积极开展相关的推进工作。该堆型的燃料元件为球形，由约 8 300 个包覆的燃料球弥散在石墨基底中压制而成，单个乏燃料球的直径为 60 mm，体积约 113 cm^3，重量约 200 g。具体来说，该球形燃料元件由燃料区和无燃料区组成：燃料区是将包覆燃料颗粒弥散在石墨基体中、直径约为 50 mm 的球体；无燃料区是包裹在燃料区外、厚度约 5 mm、和燃料区相同的石墨基体的球壳。球形燃料元件的主要功能如下：1）保护包覆燃料颗粒免受外力破坏，使包覆燃料颗粒获得高温气冷堆运行所需要的热工水力学条件，并在堆内循环使用；2）提供裂变能，同时将包覆燃料颗粒产生的热量传递给冷却剂氦气，并对快中子进行慢化；3）滞留和阻挡裂变产物向外扩散。

我国高温气冷堆的规模无法与压水堆相比，但单位功率产生的乏燃料体积却非常大，为压水堆的 5～10 倍，为重水堆的 3～7 倍。主要体积贡献是燃料元件的石墨基体，约占总体积的 96%。若将乏燃料元件的石墨基体材料和燃料颗粒分离，石墨基体材料进入中等深度处置库，只有燃料颗粒进行深地质处置库，可以有效降低深地质处置库的库容。但破碎、分离是技术难点，需要采用一种较温和的方法，在不破坏颗粒包覆层的情况下实现分离，目前相关技术尚处于研究阶段。

表 4.2－16 和表 4.2－17 给出了放射性废物处置元件的主要参数，图 4.2－8 和图 4.2－9 给出了高温气冷堆燃料元件结构组成以及内部状态。

表 4.2－16　堆芯放射性总量计算基本参数

参数名称	参数数值
热功率/MW	450
堆芯燃料球数/个	520 000
堆芯平均功率密度（MW/m^3）	4.67
单燃料元件平均功率/kW	0.865
平衡堆芯新鲜燃料富集度	9.08%
燃料换料方式	多次通过
燃料元件在堆芯平均滞留时间	647.1 EFPD（等效满功率天）

表 4.2－17　高温气冷堆燃料元件主要参数

U－235 富集度/%	17
UO_2 核芯直径/mm	0.5
UO_2 核芯密度/（g/cm^3）	≥10.4
球形燃料元件直径/mm	60
球形燃料元件体积/ cm^3	113
球形燃料元件质量/g	约 200
球形燃料元件含 U 量/g	5
球形燃料元件压碎强度/kN	≥18

续表

球形燃料元件导热系数/［W/（m·k）］	≥25
球形燃料元件的自由铀含量	≤3×10^{-4}
包覆燃料颗粒直径/mm	0.91
疏松 PyC 层厚度/μm	95
疏松 PyC 密度/（g/cm³）	≤1.10
内致密 PyC 层厚度/μm	40
内致密 PyC 层密度/（g/cm³）	1.9
SiC 厚度/μm	35
SiC 层密度/（g/cm³）	≥3.18
外致密 PyC 层厚度/μm	40
外致密 PyC 层密度/（g/cm³）	1.9
形燃料元件密度/（g/cm³）	≥1.70

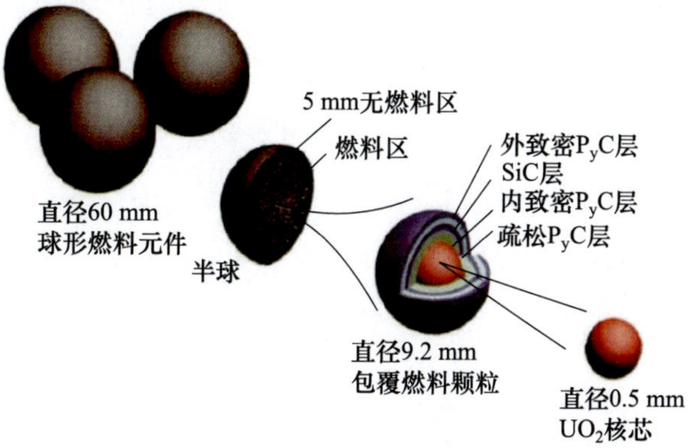

图 4.2-8　高温气冷堆燃料元件结构组成

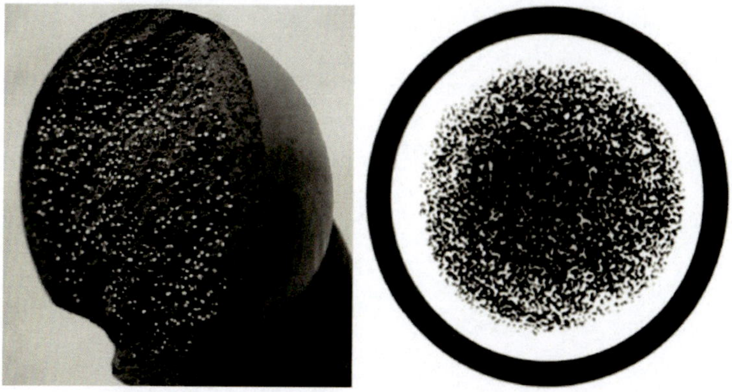

图 4.2-9　球形燃料元件截面及 X 射线检测元件内部包覆燃料颗粒分布

在高温气冷堆中，低富集度铀的燃耗亦可超过 80 000 MW・d/t，因而即使不对其进行后处理，初始铀（^{235}U）和产生的可裂变钚的利用率亦可达 80%～90%，这与进行后处理的轻水堆燃料利用率基本相当。由于该类燃料具有富集度低、燃耗深等特点，直接处置对于核材料的丢失而造成的经济损失不大，因而在选择处置方式这方面，美国、德国等国家均偏向于直接处置而不进行后处理的方案。

本章主要阐述了我国不同高放废物源项的特征，对于适宜在深钻孔中进行处置的废物源项进行了分析：

对于乏燃料而言，压水堆和重水堆乏燃料组件的尺寸为细长型，所需的钻孔直径较小，因而易于设计施工出满足深钻孔处置条件的钻井，可考虑将其放置于深钻孔中进行处置。

对于高放玻璃固化体而言，由于其放射性水平极高且现阶段尚无对其可回取的需求，因而考虑将其放置于深钻孔中进行处置较为合适。然而目前高放玻璃固化体容器所设计的外径为 430 mm，直径较大，对应的处置孔孔径也将大于乏燃料处置孔，需对钻孔施工工艺进行分析论证。

对于α 废物而言，由于该类废物的半衰期较长，对人类潜在的内照射危害极大，故而我国在《中华人民共和国放射性污染防治法》中明确要求对α 放射性固体废物也应进行集中深地质处置。然而该类废物量较大，适宜于钢箱包装处置，如上文所述，钢箱的最小边长可达 1.3 m 以上，这与深钻孔处置中相对较小的孔径不符，因而认为该类废物不宜在深钻孔中进行处置。

5

我国深钻孔处置初步概念设计与可行性分析

5.1 安全策略

在IAEA发布的技术导则SSG－23《放射性废物处置安全全过程系统分析与安全评价》中，将安全策略开发列为处置工程研发早期阶段的必要工作，安全策略是对处置安全的高度集成，即包括处置设施规划、运行和关闭的整体管理策略，也包括选址、设计、安全评价等的基本原则与方法，通过对安全策略的分析论证，可以判定处置设计是否能够达到多重隔离、纵深防御、被动安全与坚稳性等目标，并确定各重要屏障的安全功能要求。

NEA给出的安全策略组成如图5.1－1所示[56]。

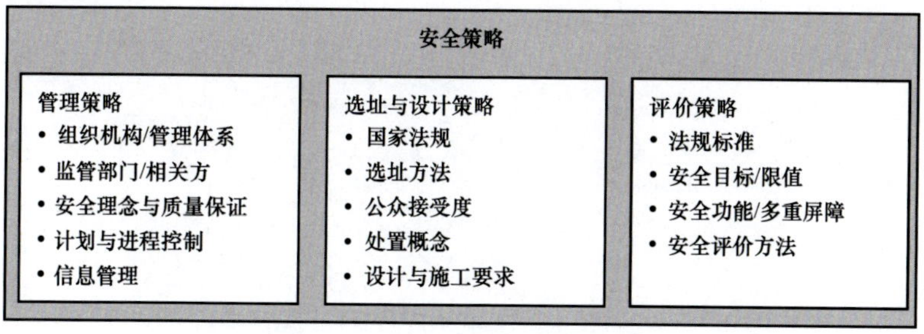

图5.1－1　安全策略组成示意图

考虑现阶段为我国深钻孔处置研发的前期评估阶段，工作重点应放在处置概念设计及其可行性分析中，首先需对处置系统各组成部分所采取的安全策略进行明确，见表5.1－1。

表 5.1－1　深钻孔处置系统各组成部分安全策略

处置系统组成部分		安全功能要求
废物体		保持运行期完整性
工程屏障	处置容器	保障深钻孔处置运行期的完整性，关闭后的寿命要求需根据安全评价结果确定
	废物处置区缓冲泥浆液	选用高密度液体以阻止放置后由废物体释热引起的热对流
	废物处置区水泥塞	抵抗上覆荷载，维持处置容器的完成性，阻止由废物体释热引起的向上热对流
	废物处置区花管	保持运行期完整性
	密封回填区膨润土	通过低渗透性阻挡处置区水流的向上运动及围岩扰动区内地下水进入处置孔，吸附核素、限制核素迁移
	密封回填区水泥塞	支持膨润土荷载，减小膨润土溶蚀，阻挡处置区水流的向上运动
	密封回填区压载物	保持运行期完整性
	密封回填区上部材料	为处置区与生物圈提供隔离
地质屏障	处置围岩	低渗透性、低孔隙度 高热传导性 高密度、高盐度地下水 还原环境 高强度与围岩稳定性
	上覆盖层	低渗透性、含黏土层（吸附核素）

深钻孔处置总体工艺流程分为以下三步（见图 5.1－2）：

（1）钻井

利用钻井设备从地表面垂直向下钻进，钻至结晶岩层中深 5 km 处，钻进过程通常分段进行，每钻进一段进行固井，使井壁保持稳定、通畅，为下一段钻进或放置废物提供条件。

（2）放置废物

将高放废物处置容器放入钻井，下至孔底，将钻井底部以下 2 km 范围作为废物处置段。

（3）钻孔封填

将废物处置段及其上部到孔口范围采用压实膨润土、混凝土、沥青等材料进行分段封填。

图 5.1－2　深钻孔处置概念示意图

5.2 处置孔设计与施工

5.2.1 处置孔结构设计

根据第 4 章处置对象分析结果，我国可进行深钻孔处置的废物源项主要包括乏燃料与玻璃固化体，由于二者尺寸差别较大，综合考虑钻井过程中钻头与套管之间的尺寸配合，在满足处置深度的同时，处置孔结构设计如图 5.2–1 所示，其中一开钻进深度至 200 m（沉积岩层），下套管至孔底，用水泥固井，套管的作用隔离浅表层地下水，防止掉块；二开继续钻进至 1 500 m，下套管，至孔底，套管用水泥固井；三开继续钻至 5 000 m 深度，1 500～5 000 m 初步考虑下花管，为了后期密封使用花管悬挂固井，在 1 500 m 处用悬挂器悬挂，井口至 1 500 m 放置与花管同样尺寸的引导管，使井口至底部井径相同，为处置容器放置形成完整的通道。

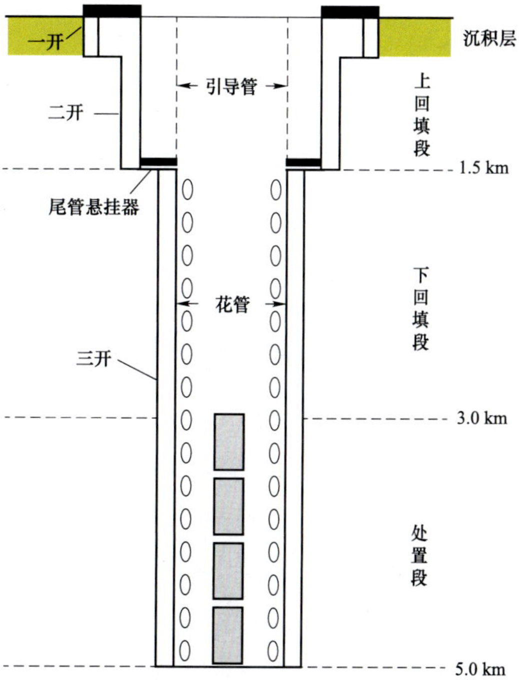

图 5.2–1 处置孔结构设计示意图

乏燃料处置孔与玻璃固化体处置孔结构设计参数见表 5.2–1。

表 5.2–1 处置孔结构设计参数

回次		井深/m	井径/m	套管外径/m	套管内径/m
乏燃料	一开	200	0.95	0.78	0.74
	二开	1 500	0.70	0.57	0.53
	三开	5 000	0.52	0.41	0.37
玻璃固化体	一开	200	1.25	1.00	0.96
	二开	1 500	0.91	0.76	0.72
	三开	5 000	0.71	0.61	0.57

5.2.2 处置孔施工工艺分析

根据处置孔结构初步设计，乏燃料处置孔终孔直径 0.52 m，玻璃固化体终孔直径 0.71 m，目前国际已有深井工程实践已在深度上满足要求，但尚无达到该井径的大直径深孔工程案例，深钻孔处置孔的施工工艺及可行性分析，需以深大直径要求为出发点，借鉴现有油气、地热行业深井施工经验，对技术现状及通过研发可达到的工艺水平进行分析判断，现将其中关键工艺总结如下。

5.2.2.1 钻井方法

传统的钻井方法为转盘驱动钻杆转动、并带动钻头碎岩，近年来一些新的钻井方法被提出与应用，其中可能适用于深钻孔技术的有顶驱钻井与井下动力钻井。顶驱钻井的驱动装置设置于钻井平台顶部，可有效提高接钻杆及钻杆升降操作效率，从而提高深井钻进效率。井下动力则是通过井下气体或液体循环提供动力驱动钻头工作，这种钻井模式下钻杆不需要旋转，但在孔径较大情况下对液体循环能力要求较大。

此外，考虑到深钻孔设计孔径较大，一次成孔的难度相对较高，因此在钻井施工中可以采用先钻一个小口径先导孔，再通过扩孔方法达到目标孔径。

5.2.2.2 钻机

随着我国油气开采资源的发展及大陆科学钻探的开展，钻机制造水平也在大幅提升，已具备深井、超深井钻机制造能力，以宝鸡石油机械有限责任公司制造的我国首台 ZJ120DB 型 12 000 m 特深井钻机（图 5.2–2）为例，名义钻井深度可达 12 000 m，最大钩载 9 000 kN，可满足深钻孔处置钻进、套管下放、容器放置等要求。

深钻孔处置钻机研发可在现有钻机基础上进行升级改造，如增加操作屏蔽装置与井口防掉落安全装置等。

图 5.2–2 宝鸡石油机械有限责任公司研制的我国首台 12 000 m 特深井钻机

5.2.2.3 钻头与钻杆、套管

目前常见的钻头类型包括刮刀钻头、牙轮钻头、金刚石钻头及 PDC 钻头，其中前两种钻头适于较软地层的钻进，对于深钻孔处置的目标岩层花岗岩体，为较硬基岩，可选用金刚石钻头或 PDC 钻头。

目前已经具备制造大口径钻头技术能力，钻头不是深钻孔施工限制因素，但应注意考虑到较硬岩层对钻头的磨损能力较强，在钻头设计中可考虑将钻头的重量进行增加，以提高钻进效率。

对于钻杆与套管，由于现有深钻孔井身结构尺寸与标准钻井孔径存在差别，因此深钻孔处置钻杆尺寸及套管尺寸需经过特殊定制。

5.2.2.4 井斜控制

在井斜控制方面，目前已研发出多套井斜控制系统，如德国 KTB 超深钻中使用的“垂直钻井系统”，达到了孔深 6 000 m，倾斜度 1.5° 的控制精度，因此深钻孔处置的井斜控制初步分析可控制在 1.5° ～2° ，但同时需结合处置场场址条件如构造发育、应力分布等进行具体分析。

5.2.2.5 压力控制

钻井过程中需通过一定方法控制地层孔隙压力，保持井内压力平衡，压力控制通过钻井液循环与井口防喷器实现。

深钻孔处置需解决井控制设备的可用性问题，同时选址时尽量避开地层压力异常区域（深钻孔处置要求围岩地层完整，避开油气发育和地下流体活跃地区，因此地层内出现异常压力的可能性较小），目前最大的井控压力等级已经达到 140 MPa，可以满足处置孔压力控制要求，但现有地面井控设备对于大直径钻孔可能无法适用，需进行优化改进。

5.2.2.6 钻井液

深钻孔中钻井液的使用主要有两方面用途：一是常规用途，在钻井过程中保持井内压力平衡、排出岩屑、维持井壁稳定等；二是在废物放置过程中，为处置容器提供缓冲作用。

对于钻井过程中的钻井液体系与成分，现有技术已能满足该深度下的温度、性能要求，需关注的是大直径钻井对钻井液循环性能要求的增高，继而对泥浆泵等设计要求的提高。

处置容器放置过程中的钻井液，则一般可以选择耐高温的合成油基泥浆。

5.2.2.7 固井

固井通常被用来确保井下套管的稳定性，并对一些裂隙发育区进行封堵。根据现有工

程经验与技术水平，深钻孔处置上部密封段的固井操作是可以实现的，需要关注的问题是在处置孔密封回填过程中注水泥技术及水泥段高度控制技术的研发，此外还包括对尾管悬挂器的设计研发。

5.2.2.8 钻井平台

深钻孔废物处置钻井平台可在现有大型油田钻井平台的基础上进行改造获得，增加一些废物接收、转运操作间与设施，并对设计尺寸进行改造以容纳钻井施工钻机及处置容器放置装置等操作。

5.2.2.9 场址调查与测井

深钻孔处置场址勘察与施工过程中的钻井性能检测方法主要包括两大类：

（1）地面调查方法

地面调查是深钻孔选址的第一部分工作，主要用于对基本的岩性、构造特征等进行初步查明，排除不适宜场址并初步获得深部地质信息，可用的调查方法有地质测绘与填图、3D 地震成像、重力和磁场测量、电阻剖面等地球物理方法。

地质测绘与填图可提供基于地表的地质特征解释，如岩性、地层、断层和褶皱。在深钻孔处置系统中，通过确认地面出露断层的位置、位移和方向，分析断层位移历史，通过地表岩性推测深部岩石发育特征。

3D 地震成像可用来了解地下地层和结构，地震源（如炸药爆炸）发动后，从爆炸地点传播的地震波再次到达地表时被地震检波器记录，通过三维地震成像获得的空间地震线形成高空间分辨率数据。

重力和磁场测量可被用来识别和测绘重力或磁场异常，从而推断断层、褶皱、岩浆侵入、岩丘、石油资源和地下水等的位置。

电阻方法利用了岩石类型电阻率以及孔隙液体的变化来进行地下地质和水文测绘，将电流送进大地中，测量一对带电电极之间的电势差，从而测得视电阻，即电流所遇材料电阻的加权平均值，由这些数据探测断层、传导液体、地下空区分布，用来判断岩床的深度、地下水的深度和地层。

（2）井下测量方法

深钻孔井下测量方法包括地球物理方法，地质、水文地质测试及采样两大类：

其中常用的地球物理方法有钻井卡钳测量、γ 射线测量、电阻测量、自发势测量、温度测量、中子孔隙测量、岩层微成像测量、各向异性剪切波速测量和钻井重力测量等。

地质、水文地质测试及采样方法有钻探碎片岩性测量、钻探取心、栓塞测试、钻井水文测试（钻杆压力测试、钻杆抽水测试、栓塞测试和栓塞抽水测试）、示踪测试（垂直偶极示踪测试、推拉示踪测试）、热学测试、钻井密封测试（收缩受力机械测试、液体压力水位有效渗透性测试）等。

5.3 处置容器设计

对于处置容器的设计，容器外径、耐辐射、耐压、耐热性能等均应被考虑，以保证处置容器在放置与密封回填过程中抵抗深部高温、高压环境，并在钻井回填后尽可能长时间的保持容器完整性。

5.3.1 材料选择

5.3.1.1 石油行业 API 标准

目前，我国基本上执行 API 标准，常用的 API 标准及名称即《API Spec 5CT 套管和油管规定》，与石油工业行业标准《ST/T 6194 油气井套管和油管用钢管》和国标《GB/T 18052 油气井套管或油管用钢管》对应，其主要内容均为规定了钢管（套管、油管、平端套管衬管和短节）的技术条件。

5.3.1.2 处置容器基本要求

（1）废物容器设计必须提供高水平置信度，确保在废物容器操作与放置过程中不会出现放射性材料的泄漏。容器的焊接与密封必须能够阻止放射性以固体、液体或气体形式向外泄漏。

（2）废物容器必须保证在废物容器放置前的装载、运输、转运期间结构的完整性。

（3）废物容器必须保证在废物容器放置、密封及钻井处置系统关闭期间的结构完整性。废物容器设计必须具备高水平置信度确保容器能够抵抗住废物放置及运营期间的流体压力、力学荷载以及温度场。

（4）废物容器必须具备完整的连接系统，能够与其他废物容器相连，能够与放置废物容器至处置区域的放置工具相连。

（5）废物容器内部长度必须足够容纳废物容器。

（6）废物容器应尽可能长时间保持其完整性。

（7）废物容器的设计、转运与放置必须避免任何核临界的可能性。

5.3.1.3 材料选择

对于高放废物处置容器，国际上有如下两种容器设计思路——允许腐蚀、抗腐蚀。前者使用足够厚的可腐蚀金属（例如，低碳钢和铸铁）作为容器材料，这类材料可在数千年内保证容器的完整性、有效性，直至废物中短寿命裂变产物衰变掉。后者使用抗腐蚀材料（例如，铜和钛合金）作为容器材料，这类材料可以在更长时间内（比如，10万年）防止地下水渗入，直至所有最易迁移的放射性核素衰变掉、废物的危害降低至与天然铀矿相当的水平。在深钻孔处置初步概念设计中，处置容器放置后的长期安全主要依赖于地质屏障的长距离隔离作用，对于抗腐蚀的要求相对较低。

由于深钻孔处置施工与石油行业方案几乎一致，基于使用相同行业内材料的原则，处置容器在材料的选择方面也应该遵循此原则，尽可能选择石油行业中的用钢标准，表5.3－1和表5.3－2列出了石油行业中普遍运用的API标准。通常情况下，根据API标准，石油行业中套管用钢按照热处理工艺分四组，每组包含不同的钢级。第一组：H40、J55、K55、N80，适用于一般地质条件，浅井、不含腐蚀介质；第二组：M65、L80、C90、C95、T95，适用于含硫化氢等腐蚀介质；第三组：P110，适用于深井；第四组：Q125（根据化学成分的不同包括4类），适用于地质条件复杂的深井。但是，上述为钻井中使用钢套管的原则，针对处置容器而言，围岩压力为63 MPa，暂且不需要使用屈服强度及抗拉强度非常大的钢，仅在一定安全系数条件下能够满足处置容器力学计算（包括：静水压力、深部地热环境、抵抗上部压力/自身重力/吊具产生的压力）即可，计算过程详见5.3.6节。

综上所述，建议优先选择API标准K55钢为处置容器材料。

表5.3－1 套管和油管制造方法及热处理工艺

组别	钢级	类型	制造方法	热处理
1	H40	—	S或EW	无规定
	J55	—	S或EW	无规定[b]
	K55	—	S或EW	无规定[b]
	N80	1	S或EW	c
	N80	Q	S或EW	Q和T
2	M65	—	S或EW	d
	L80	1	S或EW	Q和T
	L80	9Cr	S	Q和T[e]
	L80	13Cr	S	Q和T[e]
	C90	1	S	Q和T

续表

组别	钢级	类型	制造方法	热处理
2	C90	2	S	Q 和 T
	C95	—	S 或 EW	Q 和 T
	T95	1	S	Q 和 T
	T95	2	S	Q 和 T
3	P110	—	S 或 EW	Q 和 T
4	Q125	1	S 或 EW	Q 和 T
	Q125	2	S 或 EW	Q 和 T
	Q125	3	S 或 EW	Q 和 T
	Q125	4	S 或 EW	Q 和 T

注：1. S＝无缝工艺，EW＝电焊工艺；

2. b 由制造厂选择或根据采购单规定进行：全长正火（N）、正火＋回火（N＋T）或者淬火＋回火（Q＋T）；

3. c 由制造厂选择，进行全长正火或正火＋回火；

4. d 所有管子应进行整体热处理。由制造厂选择，或根据订单规定进行全长正火(N)、正火＋回火(N＋T)或者淬火＋回火(Q＋T)；

5. e 类型为 9Cr 和 13Cr 钢级的管可采用空气淬火。

表 5.3－2　API 套管主要技术指标（拉伸性能和硬度要求）

组别	钢级	类型	荷载下的总伸长率/%	屈服强度/MPa		抗拉强度最小/MPa	硬度最大 [a]		规定壁厚/mm	允许硬度变化/HRC
				min	max		HRC	HBW		
1	H40	—	0.5	276	552	414	—	—	—	—
	J55	—	0.5	379	552	517	—	—	—	—
	K55	—	0.5	379	552	655	—	—	—	—
	N80	1	0.5	552	758	689	—	—	—	—
	N80	Q	0.5	552	758	689	—	—	—	—
2	M65	—	0.5	448	586	586	22.0	235	—	—
	L80	1	0.5	552	655	655	23.0	241	—	—
	L80	9Cr	0.5	552	655	655	23.0	241	—	—
	L80	13Cr	0.5	552	655	655	23.0	241	—	—
	C90	1 和 2	0.5	621	724	689	25.4	255	≤12.70	3.0
	C90	1 和 2	0.5	621	724	689	25.4	255	12.71～19.04	4.0
	C90	1 和 2	0.5	621	724	689	25.4	255	19.05～25.39	5.0
	C90	1 和 2	0.5	621	724	689	25.4	255	≥25.40	6.0
	C95	-	0.5	655	758	724	—	—	—	—
	T95	1 和 2	0.5	655	758	724	25.4	255	≤12.70	3.0
	T95	1 和 2	0.5	655	758	724	25.4	255	12.71～19.04	4.0
	T95	1 和 2	0.5	655	758	724	25.4	255	19.05～25.39	5.0
	T95	1 和 2	0.5	655	758	724	25.4	255	≥25.40	6.0
3	P110	-	0.6	758	965	862	—	—	—	—
4	Q125	ALL	0.65	862	1 034	931	2）	—	≤12.70	3.0
	Q125	ALL	0.65	862	1 034	931	2）	—	12.71～19.04	4.0
	Q125	ALL	0.65	862	1 034	931	2）	—	≥19.05	5.0

5.3.2 形状、尺寸及壁厚

5.3.2.1 乏燃料处置容器选择原则

由于我国乏燃料组件种类较多，尺寸也不尽相同。为了减少外部操作接口和制造成本，乏燃料处置容器的外径和壁厚应尽可能统一，处置容器高度和内部支架可根据燃料组件的尺寸进行调整。

目前常见的压水堆乏燃料和重水堆乏燃料共有以下几个尺寸（mm）：214×214×4 060、214×214×4 799、214×214×4 800、200×200×3 500、高 4 570 对边间距 235（六棱柱形）、102.3（直径）×495.3（高）。即根据废物源项的最大尺寸确定处置容器的最大尺寸，废物源项的最大尺寸为压水堆乏燃料 AFA/TVS－2M 组件的尺寸［高 4 570 对边间距 235（六棱柱形），见图 5.3－1］，表 5.3－3 为压水堆 M310 乏燃料数据。

表 5.3－3　压水堆 M310 乏燃料数据

项　目	数　值
外形尺寸	214×214×4 060 mm
排列形式	17×17 根
燃料棒数	264 根
测量管数	1 根
导向管数	24 根
燃料棒尺寸	ϕ9.5×3 867 mm
燃料棒间距	12.6 mm
铀总重量	459.5 kg
组件总重量	667.8 kg
^{235}U 富集度	4.45%（重量）（18 个月换料方案）
活性段长度	3 658 mm
总长度	4 060 mm
组件最大燃耗深度	55 000 MW•d/tU
卸料平均燃耗深度	45 000 MW•d/tU

从图 5.3－1 中可以看出，对边间距为 235 mm 的六棱柱体，对角尺寸为 283 mm，即处置容器的尺寸为至少能包住对角尺寸为 283 mm 的六棱柱体。

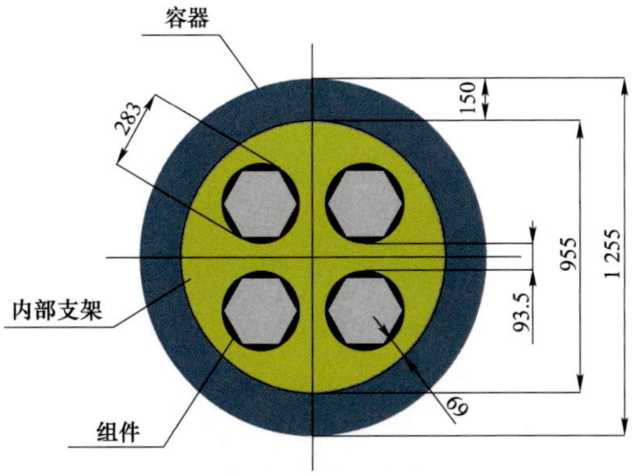

图 5.3-1 压水堆乏燃料 AFA/TVS-2M 组件示意图

5.3.2.2 玻璃固化体处置容器选择原则

从玻璃固化体初步设计可以看出，废物容器直径为 430 mm，高度为 1 340 mm，即处置容器的尺寸至少要大于废物容器的尺寸。

5.3.2.3 处置容器壁厚

在深钻孔处置环境中，处置容器的壁厚设计必须满足耐压要求。5.3.1.3 节中选定 API 标准 K55 钢为处置容器用钢材料选择，其最小屈服强度为 379 MPa，最小抗拉强度为 655 MPa。针对 K55 钢的相关力学计算详见 5.3.6 节。

综上所述，初步选定乏燃料处置容器壁厚为 35 mm，初步选定玻璃固化体处置容器壁厚为 55 mm。

5.3.2.4 处置容器尺寸

（1）乏燃料处置容器尺寸

我国废物源项的最大尺寸为压水堆乏燃料 AFA/TVS-2M 组件的尺寸（高 4 570 mm 对边间距 235 mm（六棱柱形）），最大对角尺寸为 283 mm。乏燃料处置容器壁厚选定为 35 mm，则初步考虑乏燃料处置容器外部直径 350 mm，长度 4 840 mm，足以容纳现有乏燃料废物容器。

（2）高放玻璃固化体容器尺寸

我国高放玻璃固化体废物容器尺寸为外部直径 430 mm，高 1 340 mm。高放玻璃固化体处置容器壁厚初步选定为 55 mm，则初步考虑高放玻璃固化体处置容器外部直径 550 mm，长度 1 650 mm，可容纳现有高放玻璃固化体废物容器。图 5.3-2 为深钻孔高放玻璃固化体处置容器初步概念设计示意图。

5.3.3 容器顶部/底部设计

处置容器两端部结构设计有螺纹，可供上下相邻处置容器旋拧连接形成“处置容器串”。通过焊接封塞密封处置容器的顶端与底端，如果在将连接绞线剪入处置容器之前即焊接顶端封塞，那么处置容器顶端的绞线必须在辐射防护环境下采用机械操作完成焊接，如果在废物容器装入处置容器与焊接处置容器顶端封塞之前即将剪断处置容器顶端绞线，则焊接过程中必须距离绞线足够远以避免绞线变形。初步考虑处置容器底端封塞可在废物容器装入处置容器之前就焊接在处置容器上，同时将连接绞线剪入处置容器顶端与底端，在废物容器装入处置容器后再利用机械操作焊接处置容器顶端封塞。

处置容器两端部设计螺纹如图 5.3－2 所示。

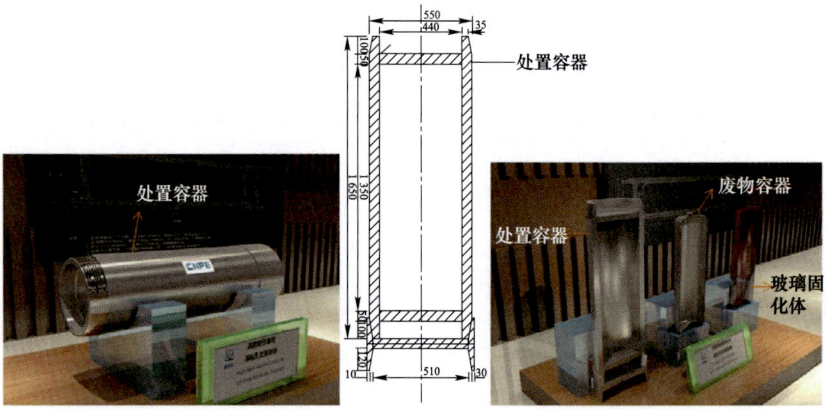

图 5.3－2　深钻孔高放玻璃固化体处置容器初步概念设计示意图

5.3.4 处置容器连接装置

废物放置考虑以废物串形式进行下放，其中乏燃料为 40 个处置容器一组，高放玻璃固化体为 10 个处置容器一组，顶部有一个 J 形槽安全接头，通过该接头可以将其与其上部的最后一个废物容器拧在一起。

安全接头是一套组件，位于处置区底部，易于释放一个废物容器。而且在某些工况下，在松开安全接头后，还未将其提出钻孔时就立即可以开始注水泥。

5.3.5 处置容器重量要求

（1）乏燃料处置容器重量要求

压水堆 M310 乏燃料组件总重量为 667.8 kg，燃料棒数 264 根，则单根乏燃料棒重量为 2.53 kg。

已知钢材密度为 7.85 g/cm^3，则乏燃料处置容器 API 标准 K55 钢理论重量为：$\pi(R^2-r^2)\times L\times\rho=3.14\times(175^2-140^2)\times4.84\times7.85/10^3\text{mm}^3=1\ 315.3$ kg。

则可以粗略给出单个乏燃料组件放入处置容器中的重量约为：1 315.3+667.8=1 983.1 kg。40 个乏燃料处置容器构成一组“处置容器串”，则一组“处置容器串”的总重量约为 1 983.1 kg×40=79 324 kg。已知我国压水堆 M310 乏燃料组件底面积为 214 mm×214 mm=45 796 mm^2=457.96 cm^2，则该压水堆 M310 乏燃料组件产生的压强约为 79 324 kg/457.96 cm^2=20 MPa。

（2）高放玻璃固化体处置容器质量要求

高放玻璃固化废物有效容积为 500 kg/罐。

高放玻璃固化体处置容器 API 标准 K55 钢理论重量为：$\pi(R^2-r^2)\times L\times\rho=3.14\times(275^2-220^2)\times1.65\times7.85/10^3\text{mm}^3=1\ 107.3$ kg。

则可以粗略给出单个高放玻璃固化废物放入处置容器中的重量约为：1 107.3+500=1 607.3 kg。10 个玻璃固化体处置容器构成一组“处置容器串”，则一组“处置容器串”的总重量约为 1 607.3×10=16 073 kg。已知我国高放玻璃固化体的底面直径为 430 mm，因此其底面积为 $\pi\times(430/2)^2\text{mm}^2=1\ 451.465$ cm^2，则该玻璃固化体产生的压强约为 16 073 kg/1 451.465 cm^2=1 MPa。

5.3.6 处置容器力学计算

5.3.6.1 静水压力

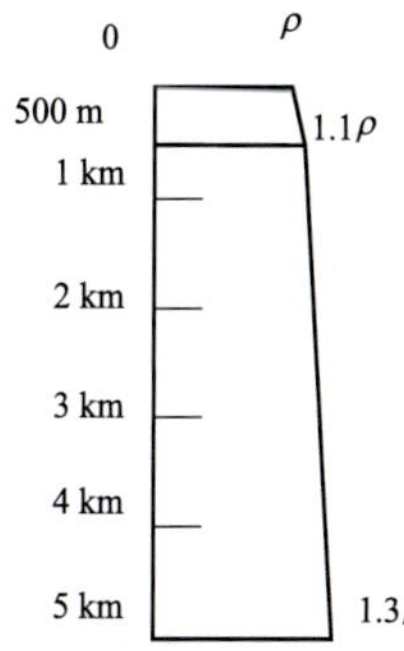

图 5.3-3 深层地下水密度分层

图 5.3-3 为深层地下水密度分布图，从图中可以看出，在地下 5 000 m 处，地下水的密度为 1.3ρ。已知一般大气压下水的密度为ρ=1.3×10^3 kg/m^3，则在地下 5 000 m 处，粗略计算水的压强约为：$P=\rho gh=1.3\times10^3\ \text{kg/m}^3\times9.8\ \text{N/kg}\times5\ 000\ \text{m}=63\ 700\ 000\ \text{N/m}^2=63.7$ MPa（此为近似值，实际上静水压力在容器壁上呈现梯形，但是由于钻孔深度很深，单

个容器高度与钻孔深度相比可以忽略不计，因此将静水压强近似为 63.7 MPa，该值比真正计算值略大）。

5.3.6.2 深部地热

在深部地热环境中，随着温度的上升，容器材料的屈服强度会降低。屈服强度是金属材料发生屈服现象时的屈服极限，也就是抵抗微量塑性变形的应力。对于无明显屈服现象出现的金属材料，规定以产生 0.2%残余变形的应力值作为其屈服极限，称为条件屈服极限或屈服强度。大于屈服强度的外力作用，将会使零件永久失效，无法恢复。如低碳钢的屈服极限为 207 MPa，当大于此极限的外力作用下，零件将会产生永久变形，小于这个的，零件还会恢复原来的样子。API 标准 K55 钢的最小屈服强度为 379 kPa。

通过资料收集得到：

地表平均表面温度：华氏 287 K（摄氏 14 ℃）；

地表最大表面温度：华氏 331 K（摄氏 182.7 ℃）；

地表最小表面温度：华氏 184 K（摄氏－89.2 ℃）；

经过计算得出：300 ℃时屈服强度折减因子为 0.82，160 ℃时屈服强度折减因子为 0.90，容器壁厚设计时应基于以上考虑。

因此，经过折减后 API 标准 K55 钢的最小屈服强度约为 310.2 MPa。

5.3.6.3 抵抗上部压力荷载/自身重力荷载

对于一组处置容器串，其最下层单个处置容器受到的上部压力荷载最大，最上层单个处置容器受到的自身重力荷载最大。因此，经过偏安全计算得到：

（1）针对乏燃料处置容器串：一组处置容器串的重量荷载为 20 MPa（详见 5.3.5 节），已知：300 ℃时钢屈服强度的折减因子为 0.82，160 ℃时钢屈服强度的折减因子为 0.90，则在本设计中取屈服强度折减因子为 0.89（在 160～300 ℃之间）。由表 5.3－2 可知，K55 钢的最小屈服强度为 379 MPa，经过计算可以得到：乏燃料产生的应力远小于温度场条件下 API 标准 K55 钢的屈服强度折减后的 379 MPa × 0.89 = 337.3 MPa。因此从力学荷载的角度来考虑，该处置容器设计的安全系数大于 10；

（2）针对高放玻璃固化体处置容器串：一组处置容器串的重量荷载为 1 MPa（详见 5.3.5 节），同理于乏燃料处置容器串强度核算方法，其处置容器设计的安全系数也大于 10。

因此，处置容器能够很容易地抵抗加载在其上的压力荷载以及放置处置容器时由自重产生的拉力荷载。

5.4 处置容器放置

5.4.1 放置方法选择

深钻孔处置中，废物处置容器经由孔口向处置段的放置方法取决于多个因素，包括单次放置的容器个数、重量，容器与放置装置的机械强度，废物释热量等。目前提出的容器放置方法包括自由降落、钢丝绳放置、钻杆放置、连续油管放置、套管放置等（见图 5.4－1）。放置过程中，处置容器可单个放入孔底，也可由多个容器连接成容器串进行放置，除保证放置过程中的安全、避免出现容器卡堵外，处置容器的放置效率也为应考虑因素。

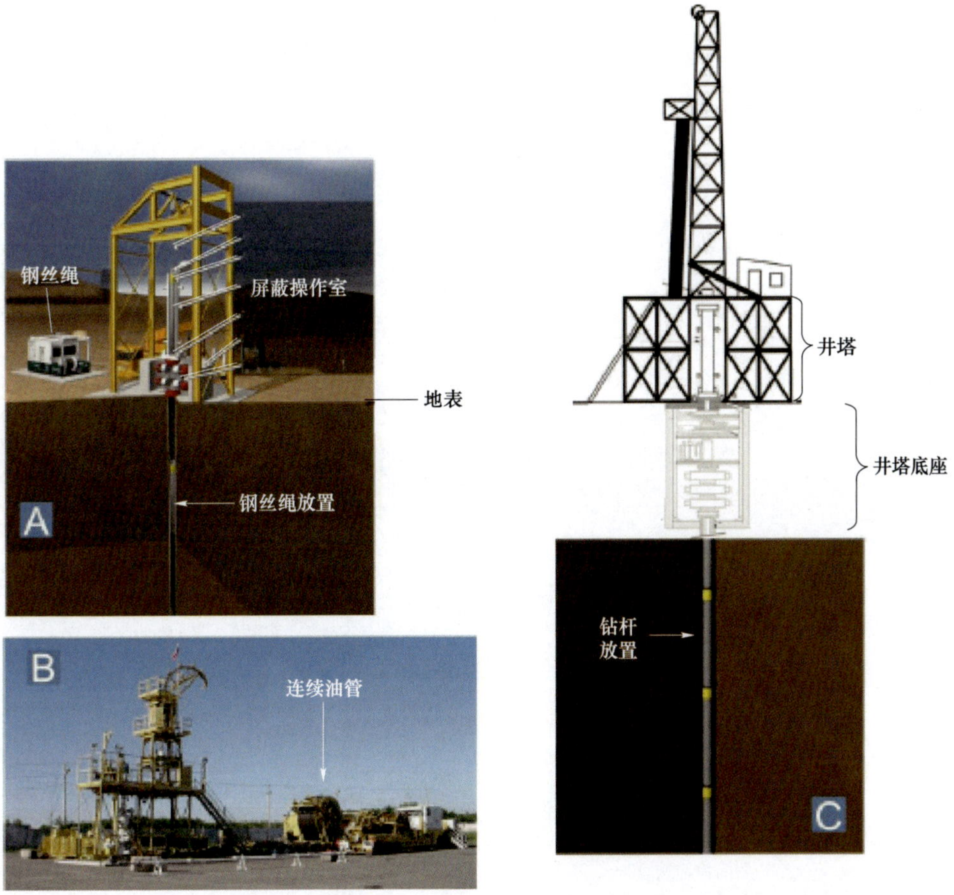

图 5.4－1　深钻孔处置容器放置模式（A－钢丝绳放置；B－连续油管放置；C－钻杆放置）

将各放置方法特点分析如下（表 5.4－1）。

表 5.4－1　放置方法适用性与需关注问题分析

放置方法	优势	需关注问题
钢丝绳放置	• 成熟的技术 • 相对简单的放置装置 • 可通电 • 快速操作 • 较小的地面荷载 • 通过短距离抽拉控制可以减缓废物下落 • 放置装置与容器的断开及钢丝绳回取设计可以在现有技术上进行改装获得 • 地面屏蔽装置较小 • 废物串卡阻可能性较小 • 下降速度大约需 6 h • 处置容器破坏可能性小	• 一旦处置容器卡阻需通过钻杆解决问题 • 重复使用下钢丝绳容易出现破坏或失效 • 放置循环操作较多
钻杆放置	• 成熟的技术，适于特定用途 • 处置容器卡阻后有较强的提升能力 • 通过一个长距离抽拉控制可以减缓废物下落速度 • 单次可放置 30 到 40 个处置容器，放置操作循环较少	• 建设时需考虑钻杆长度 • 不可通电 • 存在复杂的接钻杆等冗余操作，需设计多种安全接口 • 冗余的升降部件 • 调操作速度较慢 • 地面荷载大 • 废物串连接处需相对复杂的屏蔽装置 • 可能需要热室来维修、替换相关部件 • 如果发生钻杆掉落事故，处置容器破坏可能性大 • 放置装置与容器的断开设计可以在现有技术上进行改装获得 • 由于钻杆较重，放置装置与容器的断开及钻杆回取设计相对困难 • 长废物串放置容器发生卡阻 • 相对复杂的放置操作
自由降落	• 操作简单，无钻井放置装置 • 操作快速 • 地面荷载低 • 单个容器卡阻可能性小 • 费用最低	• 安全方面不可控因素较多 • 需要连接绳索用于测定已放至处置区 • 发生处置容器卡阻需要使用钻杆进行提拉，风险与钻杆放置相同
连续油管放置	• 地面荷载较小 • 单次放置速度较快 • 对人员操作要求少 • 可以伴随设施电缆或液压控制装置用于信息传输 • 具备对处置容器的推拉能力 • 处置容器的练级可以用电力装置控制（类似于钢丝绳） • 单个处置容器卡阻可能性较小 • 处置容器破坏可能性小	• 由于放置过程中连续油管的弯曲，需要较高的油管替换频率 • 需要特定的仪器进行油管使用寿命检查 • 油管与处置容器连接处的屏蔽容器需要进行特殊定制 • 放置操作相对复杂 • 放置循环操作较多 • 发生处置容器卡阻需要使用钻杆进行提拉，风险与钻杆放置相同
套管放置	• 单次可放置 10～20 个处置容器，放置操作循环较少 • 不需要容器间的连接设计 • 套管可以为处置容器提供一定保护，减少破损风险	• 需要的钻孔孔径较大以容纳放置套管 • 套管需考虑屏蔽设计 • 对钻机载重要求高 • 需要设置专门的容器释放结构 • 地面荷载相对集中 • 如果套管遗留在钻井中将会增加溶蚀与氧气的产生 • 相对复杂的放置操作

综合以上分析结果，考虑减少处置容器卡阻、坠落风险，为容器卡阻提供解决措施并提高放置效率，本次工作暂选用钻杆放置方法进行相关设计与分析。

5.4.2 水泥封塞长度

水泥封塞长度与水泥与套管之间的剪切粘结力有关，表 5.4－2 为利用水泥套支撑套管重量的支撑力公式得到的高放玻璃固化体处置容器串水泥塞长度值。

Smith（1989）提出了一个套管外的水泥套支撑套管重量的支撑力公式，见下式：

$$F = 0.969 S_c d_p h_c \tag{5-1}$$

式中：

F：破坏水泥粘结的外力或荷载，单位：pounds（磅）；

S_c：水泥的抗压强度，单位：psi；

d_p：套管直径，单位：inches（英寸，in）；

h_c：水泥柱的高度，单位：feet（英尺，ft）。

对于与 15 000 ft（4 570 m）深度处相对应的温度、应力工况，H 类水泥的典型强度可偏于保守地取 4 000 psi＝27.56 MPa。套管直径：0.60 m。则水泥塞长度计算公式如下：

$$h_c = \frac{F}{0.969 S_c d_p} \tag{5-2}$$

表 5.4－2　高放玻璃固化体处置容器串水泥塞长度计算

方案	单个处置容器质量	一串由多少个处置容器组成	一串处置容器总重量/kN	处置容器直径	套管直径	根据剪切粘结力计算出的水泥塞长度/m
1	500 kg	10	1 607.3 × 10 × 9.8 = 157.5	0.55 m	0.6 m	157.5/16.023 384 = 0.009 8
2		20	1 607.3 × 20 × 9.8 = 315			315/16.023 384 = 0.02
3		30	1 607.3 × 30 × 9.8 = 472.5			472.5/16.023 384 = 0.03
4		40	1 607.3 × 40 × 9.8 = 630.1			630.1/16.023 384 = 0.04
5		50	1 607.3 × 50 × 9.8 = 787.6			787.6/16.023 384 = 0.05
6		60	1 607.3 × 60 × 9.8 = 945.1			945.1/16.023 384 = 0.06
7		70	1 607.3 × 70 × 9.8 = 1 102.6			1102.6/16.023 384 = 0.07
8		80	1 607.3 × 80 × 9.8 = 1 260.1			1260.1/16.023 384 = 0.08

相对于其他的可能因素而言，水泥对套管的黏结特性高度依赖于水泥作业流程、套管寿命、套管表面抛光、水泥凝固时间、钻井中钻井液类。

考虑到上述未知因素、以及渗透及在套管与岩壁之间的空隙间形成屏障，建议水泥塞长度取 8 m。

5.4.3 处置容器串长度比选

表 5.4－4 为我国当前吊具拉吊最大重量/提升能力，从表中可以看出，吊具最大钩载为 900 t，最小钩载为 60 t。初步选定目前可达到的吊具最大钩载作为设计依据，则乏燃料容器串数目不得超过 900 t/1 983.1 kg≈450 个，玻璃固化体容器串数目不得超过 900 t/1 607.3 kg≈560 个。因此在吊具能力方面对容器串长度限制较为宽松。但考虑到单次容器串长度过长，将不利用放置过程的操作，可对容器串长度与处置容量进行对比计算，从表 5.4－3 中可以看出，截至 2070 年，我国至少存有 50 000 罐高放玻璃固化体。因此，给出高放玻璃固化体处置容器串的比选方案见表 5.4－4。

对于高放玻璃固化体，以偏安全的角度考虑，初选定 10 个处置容器组成一组处置容器串；对于乏燃料，由于目前尚无乏燃料数量统计数据，初步选定参照美国 Sandia 实验室给出的参考设计 40 个处置容器组成一组处置容器串。

表 5.4－3 未来 50 年后我国高放玻璃固化体数量

废物来源	预计投产时间	预计完成时间	包装容器	初始衰变热	数量	暂存期
××厂	2020 年	2025 年	HD－I 型	＜90W	***罐	≤50 年
××厂 中试厂	2026 年	—	HD－I 型	＜90W （＞1kW）	***罐	≤50 年
核燃料循环科技示范项目	2024 年	2063 年	HD－I 型	～1.7kW	10 000 罐	≤50 年
大型核燃料后处理厂	2031 年	2070 年	HD－I 型	～1.7kW	40 000 罐	≤50 年

表 5.4－4 高放玻璃固化体处置容器串比选方案表

方案	单个处置容器高度/mm	一串由多少个处置容器组成	一个钻井能够处置多少串	需要多少个钻井
1	1 650	10	2 000/（1.65*10＋8）≈81	50 000/（81*10）≈62
2		20	2 000/（1.65*20＋8）≈48	50 000/（48*20）≈52
3		30	2 000/（1.65*30＋8）≈34	50 000/（34*30）≈50
4		40	2 000/（1.65*40＋8）≈27	50 000/（27*40）≈47
5		50	2 000/（1.65*50＋8）≈22	50 000/（22*50）≈46
6		60	2 000/（1.65*60＋8）≈18	50 000/（18*60）≈47
7		70	2 000/（1.65*70＋8）≈16	50 000/（16*70）≈45
8		80	2 000/（1.65*80＋8）≈14	50 000/（14*80）≈45

5.4.4 钻井液选择

在废物放置过程中，在废物处置区会使用合成油基泥浆，即钻井液。

钻井液的主要功能是携带和悬浮岩屑、稳定井壁和平衡地层压力、冷却和润滑钻头与钻具、传递水功率、发现和保护油气藏等。在放置过程中，钻井液起到缓冲处置容器下降速度作用，使得处置容器在放置过程中在接近钻孔底部的时候能够缓慢下落，保护处置容器的完整性，使放置过程更加安全。钻井液应不伤害钻井人员、不污染环境，对井下工具盒地面设备不发生严重的腐蚀。钻井液主要包括水基钻井液、油基钻井液和其他钻井流体如气体、泡沫钻井液等。

油基钻井液：以油为连续相，含水量不超过 5%（体积比）的钻井液。有很强的耐温（200 ℃以上）能力，且对性能影响不大；有良好的保护油层能力；很强的抗盐膏侵污染能力；成本较高，对测井有影响，对环境产生污染。

总体而言，油基体系钻井液主要用作高温（200 ℃）、井深超过 5 000 m 以上或用于极复杂地层（如极易坍塌层、膏泥混杂层、极易阻卡地层、软泥地层）和定向斜井，尤其是大斜度井、水平井钻井。

我国石油钻机型号及参数见表 5.4－5。

表 5.4－5 我国石油钻机型号及参数

钻机级别		ZJ10/60	ZJ15/900	ZJ20/1350	ZJ30/1700	ZJ40/2250	ZJ50/3150	ZJ70/4500	ZJ 90/6750（90/5850）	ZJ120/9000
名义钻深范围（m）	127 mm	500～800	700～1 400	1 100～1 800	1 500～2 500	2 000～3 200	2 800～4 500	4 000～6 000	5 000～8 000	7 000～10 000
	114 mm	500～1 000	800～1 500	1 200～2 000	1 600～3 000	2 500～4 000	3 500～5 000	4 500～7 000	6 000～9 000	7 500～12 000
最大钩载 kN（t）		600（60）	900（90）	1 350（135）	1 700（170）	2 250（225）	3 150（3 150）	4 500（450）		9 000（900）
绞车功率	kW	110～200	257～330	330～400	400～550	735	1 100	1 470	2 210	2 940
	hp	150～270	350～450	450～550	550～750	1 000	1 500	2 000	3 000	4 000
游动系统绳数	钻井绳数	6	8	8	8	8	10	10		12
	最多绳数	6	8	8	10	10	12	12		16
钻井钢丝绳直径	mm	22	26	29	32	32	35	38	42	52
	in	7/8	1	11/8	11/4	11/4	13/8	11/2	15/8	2
钻井泵单台功率不少于	kW	260	370	590	735		960	1 180		1 470
	hp	350	500	800	1 000		1 300	1 600		2 000

续表

<table>
<tr><th colspan="2">钻机级别</th><th>ZJ10/60</th><th>ZJ15/900</th><th>ZJ20/1350</th><th>ZJ30/1700</th><th>ZJ40/2250</th><th>ZJ50/3150</th><th>ZJ70/4500</th><th>ZJ 90/6750（90/5850）</th><th>ZJ120/9000</th></tr>
<tr><td rowspan="2">转盘开口直径</td><td>mm</td><td colspan="2">381，445</td><td colspan="3">445，520，700</td><td colspan="4">700，950，1260</td></tr>
<tr><td>in</td><td colspan="2">（15，171/2）</td><td colspan="3">（171/2，201/2，271/2）</td><td colspan="4">（271/2，371/2，491/2）</td></tr>
<tr><td>钻台高度</td><td>m</td><td>3，4</td><td colspan="2">4，5</td><td colspan="2">5，6，7.5</td><td colspan="4">7.5，9，10.5，12</td></tr>
<tr><td>井架</td><td colspan="10">各级钻机均采用可提升 28 m 立柱的井架，对 10/600，15/900，20/1 350 三级钻机也可采用提升 19 m 立柱的井架，对 120/9 000 一级钻机也可采用提升 37 m 立柱的井架。</td></tr>
</table>

国内常用的适合深井的抗高温钻井液有：

（1）钙处理混油钻井液

这类钻井液是我国 20 世纪 60 年代至 70 年代初使用的一类深井钻井液，先后钻成了大庆松基 6 井（井深 47 18.71 m）、胜利东风 2 井（井深 5 006 m）、大港新港 57 井（井深 5 127 m）。

这类钻井液是以石灰、石膏、氯化钙作絮凝剂，单宁、栲胶碱液、铁铬盐作稀释剂。CMC、水解聚丙烯腈作降滤失剂，混油降低滤饼摩擦系数，改善润滑性能的一套钙处理混油钻井液体系。抗盐、抗钙、抗污染能力强，抗温可达 200 ℃，但对盐下红层（软泥盐）水化膨胀还不太适用。

（2）三璜钻井液

这是四川石油管理局 20 世纪 70 年代率先研制应用的深井钻井液体系。用此体系的钻井液曾先后钻成了女基井（井深 6 011 m）和关基井（井深 7 175 m）两口超深井，后被其他油田广泛使用。

三璜即黄甲基褐煤（SMC）、璜甲基橡碗单宁酸钠（SMK）和璜甲基酚醛树脂（SMP）。三璜钻井液能有效地控制高温高压滤失量，改善滤饼质量及环空流变性能，大大提高了钻井液的防塌、防卡、抗盐膏、抗盐至饱和，抗钙至 4 000 mg/L 及抗温等性能（密度加至 2.25 g/cm^3，假如重铬酸钠与表面活性剂，抗温能力可达 200～220 ℃）。

（3）聚丙烯酸盐钻井液

不同的聚丙烯酸盐产品可分别在深井钻井液中作絮凝剂、提降黏剂、降滤失剂、页岩抑制剂。国内以聚丙烯酸盐主配的钻井液有：

① 聚丙烯酰胺低密度钻井液

这类钻井液采用大相对分子质量的水解聚丙烯酰胺（PHP）、丙烯酰胺与丙烯硝酸钠共聚物（80A51）、复合离子型丙烯酸盐（PAC－141）和水解聚丙烯腈钾盐（KPAN）等作包被剂（一般加量为0.1%～0.5%），用水解聚丙烯腈，铵基聚丙烯腈或CMC作降滤失剂或流变性能调整剂，混入少量的预水化膨润土挤昂提黏、降滤失量，钻井液密度通常低于1.15 g/cm³。为提高钻井液热稳定性，可加入0.02%～0.04%的重铬酸钠，加适量的润滑剂防卡。江汉油田潜1井用此类钻井液钻成了5020 m的深井。

② PAC聚合物钻井液

用PAC－141作包被剂与提黏剂，PAC－142（丙烯衍生物）或CPAN（聚丙烯酸钙）作降滤失剂，PAC－143（乙烯基单体多元共聚物）作降滤失剂、降黏剂，复配成密度小于1.40 g/cm³深井聚合物钻井液，抗高温达180 ℃。河南油田用此钻井液钻成了4 000～5 500 m的深井十余口。

③ 氯化钾/水解聚丙烯胺钻井液（KCl/PHP）

此类钻井液是胜利油田20世纪70年代末至80年代用于钻复杂的盐膏层（含红泥软泥岩）的深井钻井液，后来其他油田也相继使用。它是以聚丙烯酰胺为主题，配合适量的氯化钾或复合盐类（氯化钠、硫酸铵、硫酸钠）配制而成。

④ 聚丙烯酰胺（PAM）钻井液

这类钻井液是胜利油田普遍用于井深3 500～4 500 m的井。它是以PAM或PHP2%浓度的胶液与井浆按比例混合而成。可用于淡水、盐水和饱和盐水钻井液，最高密度可达1.95 g/cm³。

（4）聚璜钻井液

聚璜钻井液是在聚丙烯酸盐钻井液基础上加入一些磺化处理剂，如磺化褐煤、磺化酚醛树脂、磺化沥青等抗高温处理剂而成。这类钻井液既保留了聚合物钻井液的优点，又改善了聚合物在高温高压下滤饼质量和流变性能。其抗温能力可达200～250 ℃，抗盐至饱和适应各种矿化度钻井液与复杂易塌地层钻井，是目前国内使用最广泛的一类深井钻井液。新疆百余口平均井深5 100 m的深井90%以上是用聚璜钻井液钻成的。

（5）阳离子聚合物钻井液

它是以高相对分子质量（约200×10^4）的阳离子聚丙烯酰胺（CPAM）作包被剂，低相对分子质量的有机阳离子化合物NW－1作为泥岩抑制剂，SPNH（磺化褐煤、磺化树脂）、CMC作降滤失剂，FT－1（磺化沥青）作封堵剂，用FCID与$Ca(OH)_2$调整钻井液流变性能，NaOH控制pH的一类深井钻井液。此类钻井液有较强的抑制黏土水化、膨胀、分散能力，有较好的造壁性、流变性与抗盐能力。塔里木轮西 2 井采用此类钻井液顺利钻穿完钻井深 6 401 m 易坍塌的侏罗系、三叠系泥岩地层。

（6）油包水型钻井液

先后在华北、中原、大庆、新疆等油田钻复杂地层的深井中使用过此类钻井液，都顺利地钻达目的层。中原油田文东沙河街地层中有两套符合盐层，并夹有高压油气层，经常发生喷、漏、塌、卡等复杂情况。经采用此类钻井液后，先后完成濮深井 7 井等四口深井，最深井深达 5 613 m。

（7）新型钻井液

1）胜利油田研发的深井钻井液

20 世纪 90 年代以来，为满足深层油气勘探开发的要求，针对胜利油田深层地层的特点研究开发了新型系列深井钻井液体系。

① MMH（正电胶）系列钻井液

MMH 聚合物饱和盐水钻井液是胜利油田 20 世纪 90 年代研究应用具有国际先进水平的一种新型深井钻井液。它不仅可以提高钻井液的动塑比，而且具有抗温能力强、性能稳定，有利于保护油气层和提高机械钻速等优点，是一种性能良好，适合大井眼、易塌的深井钻井液。

② MMH 聚合物饱和盐水钻井液

MMH 聚合物饱和盐水钻井液是胜利油田 20 世纪 90 年代研究应用具有国际先进水平的一种新型深井钻井液。它综合利用了 MMH 钻井液、阳离子聚合物钻井液、聚璜钻井液等特点，使整个钻井液体系保持了较强的抑制性、抗盐膏污染、抗高温、悬浮稳定性好的优点，较好地适应了东营凹陷深层盐下复杂盐膏地层钻井。3 000 m 前使用盐水钻井液，进入盐膏层前 300 m 时，换为高密度 MMH 饱和盐水钻井液钻进、维护，确保全国重点科学预探井—郝科 1 井顺利钻达井深 587.81 m。

③ MMH 聚合醇防塌润滑钻井液

此类钻井液利用聚合醇浊点以上防膨效果比浊点以下好的特点，当环境温度高于聚合醇浊点温度时，聚合物钻井液发生相分离，形成一层水似油相，自动地吸附在黏土表面，形成屏蔽膜，阻止黏土进一步水化膨胀，从而增强体系的防塌润滑性能。同时对低渗透泥页岩具有封堵孔隙，有效地抑制液柱压力向地层传递，起到了稳固井壁的作用，是一种适用于深井易塌定向井钻井液。

④ 硅酸盐聚合物钻井液

现场应用表明，在硅酸盐的作用下，该钻井液具有较好的聚结、抑制、封堵和高温性能稳定的特点，解决了钻井液漏失和井眼稳定问题，适应于易塌易漏的深井。

⑤ 聚合物铵盐钻井液

该钻井液以聚丙烯腈铵盐及复合铵盐取代了几十年来一直使用的铁铬盐，配合屏蔽暂堵剂。对保护油气层十分有利。

⑥ 超高温钻井液

超高温钻井液技术，是勘探和开发深部油气资源的必不可少的关键技术。进入21世纪，我国西部及东部深层钻探工作将进一步加强，需要完成的深井、超深井比例将进一步增加。胜科1井井深超过7 000 m，井底温度为235 ℃，压力超过100 MPa。该井四开（4 155～7 026 m）钻进使用了聚璜封堵防塌钻井液、高密度聚璜非渗透钻井液和超高温钻井液体系。应用结果表明，这3种钻井液体系的高温稳定性、润滑性和剪切稀释特性良好，在高固相情况下仍具有良好的流变性和低的高压滤失量，能经受住各种可溶性盐类及高价例子的污染，配制和维护处理方便，各种钻井液之间的转换非常顺利，没有出差现任何井下复杂情况，有效地保证了胜科1井的安全、快速钻进。

2）川东北地区最新深井钻井液技术

川东北在钻井施工中存在高温、高压、易漏、易塌、易卡、盐膏侵、H_2S气体、容易发生事故和复杂情况，气藏保护具有特殊性，同时陆相储层和海相储层的岩性不同，储层性质也不一样。因此，该地区钻井液多采用醇基两性金属离子聚合物防塌钻井液（陆相地层）和以硅酸盐为主剂的聚硅醇封堵性防塌钻井液（海相地层）。进入油气层井段上部使用聚合醇防塌剂、多软化点封堵防塌剂，下部使用PB－1、PEG等屏蔽暂堵材料，实施保护油气层的屏蔽暂堵技术。

5.4.5 处置容器放置工艺流程

（1）转运容器打开后，遥控机械手从转运容器中取出第一个处置容器，移动至井口处，固定装置固定第一个处置容器（见图5.4－2）。

（2）机械臂取出第二个处置容器，移动到第一个处置容器上方并与之对接，机械臂旋转第二个处置容器，通过螺纹与第一个处置容器连接。

（3）通过机械臂使处置容器串下降，串尾固定于孔口位置，继续下一个处置容器串的取出和连接。

（4）40个乏燃料处置容器/10个高放玻璃固化体处置容器连接完毕，由专用吊具连接串尾，从孔口开始下放，处置容器串下降至预定位置，控制机械装置松开吊具，提升吊具至井口（见图 5.4－3）。

（5）地下 3 000～5 000 m 范围为处置容器串的放置区域。

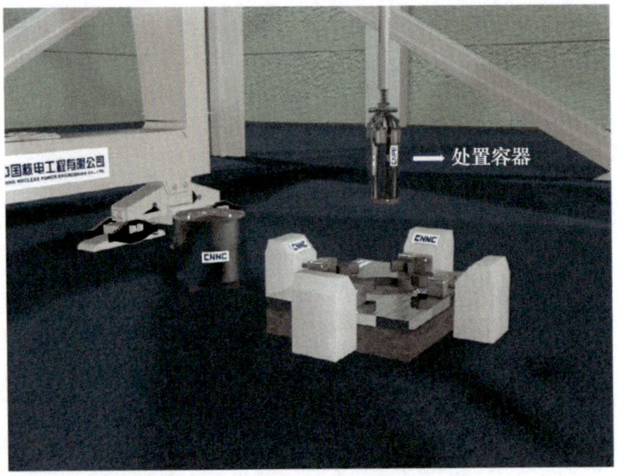

图 5.4－2　处置工艺流程图 1

图 5.4－3　处置工艺流程图 2

将整体放置流程工艺细节整理见表 5.4－6。

表 5.4－6　放置流程工艺细节

步骤	放置工艺流程细节
第 1 步	装有运输容器的牵引车拖车就位，准备卸下运输容器；
第 2 步	通过轨道传送系统抬起装有废物的运输容器，调整至竖直姿态；
第 3 步	通过轨道将运输容器运至有屏蔽功能的地下室，该室位于被抬升的钻井平台下部；
第 4 步	在井口处将运输容器定位；

续表

步骤	放置工艺流程细节
第 5 步	关闭屏蔽室门；
第 6 步	打开井口上部屏蔽室门；
第 7 步	远程操控打开运输容器顶盖；
第 8 步	远程操控，将钻杆与废物容器顶部的连接装置进行连接；
第 9 步	用钻杆柱提起废物容器，使其对运输容器底盖的压力为零；
第 10 步	远程操控打开运输容器底盖；
第 11 步	放下废物容器，将其与下面的被锁在井口处的废物容器连接起来，注意：如果所放下的是第 1 个废物容器串，则将其与导块连接（而非与下面的废物容器连接）；
第 12 步	提起废物容器串，解开锁于井口处的废物容器，向下放 1 个容器长度；
第 13 步	锁住当前位于井口处的最上面的废物容器；
第 14 步	关闭井口上端的屏蔽室内；
第 15 步	打开屏蔽室内，将轨道传送系统撤回至牵引车拖车，将空的运输容器放到拖车上；
第 16 步	重复 1）～15）步，直到全部 40 个废物容器都放到钻井中；
第 17 步	将废物容器串放到钻井底部或者放到前一个废物容器串上部的水泥塞之上；
第 18 步	释放废物容器串，移出钻井；
第 19 步	通过钢丝绳放下并安装桥塞，然后将铁丝绳移出钻井；
第 20 步	通过钻杆柱在桥塞上安装水泥塞；
第 21 步	在钻井的底部 200 m 注入油基膨润土泥浆，为下一串废物容器串的放置做准备；
第 22 步	（将钻杆柱）移出钻井；
第 23 步	重复以上步骤，直到全部 10 串废物容器串均放置到钻井处置区。

5.4.6 放置期间事故应对措施

5.4.6.1 废物容器被卡住

指废物容器串在未达到废物处置区域的某一深度处被卡住。在参考设计中，可采用大量的措施使得上述（被卡住）的情景较难发生：

① 钻孔将全孔段设置套管，废物放置运营过程中，从地表面直至钻孔底部均设套管。

② 在废物放置之前，将采用井径测量工具对套管进行检查，以此发现套管内径的偏差、弯曲、剪断或者任意其他的可能会导致套管被卡住的堵塞。

③ 在废物容器串的第 1 个废物容器中将安装 1 个带有圆头的导块。

④ 在废物放置之前，需要进行岩体测试，该测试可以提供有关潜在岩体的在运营期间有可能阻碍套管的岩体破坏的信息。

⑤ 还可能将一次性的孔径测量工具连接在废物容器串的最下面的废物容器中，以此来提供额外的安全保障。该工具可以通过遥测技术实时发送内部尺寸测量结果。在向下放置废物容器串时，该工具可以在废物容器串被卡住之前而发现堵塞，以防止废物容器被卡住。

如果废物容器串被卡住在钻孔中，可以用钻机大力提出、下推或旋转，该力可以基于废物容器及其之间的连接装置的强度来确定。

如果废物容器串无法解除被卡住的情况，则在该容器串上部安装桥塞与水泥塞。如果被卡住的废物容器串位于废物处置区，则可以继续进行废物的放置。

如果废物容器串在废物处置区上部被卡住，则将该钻孔喷浆、密封、废弃掉，且废物容器串不能够被回取。如果在很浅的浅部区域发现废物容器被卡住，则有可能采用其他的回取方法来回取废物容器。

5.4.6.2 废物容器坠落

指在废物容器放置过程中由于废物容器跌落或沉入钻孔底部，如果废物容器的速度足够大的话，则废物容器有可能在冲击钻孔底部时裂开，从而过早出现核素泄漏。

如果废物容器在钻孔口滑脱、跌落，一个可能的阻止跌落的设计方案为：设计一个自动激发的液压塞来抓住废物容器。

此外，废物容器串沉入时，将在含有套管的钻孔内的流体中掉落，其沉降速度将会受到钻井中流体的黏性力的限制。

该沉降速度与衬管套管内径与废物容器连接装置的外径之间的空隙有关，偏于保守地假定容器的有效外径等于容器体的直径，10.75 英寸 = 0.273 m，废物容器串的沉降速度约为 2.4 m/s。这样，以如此低水平的沉降速度落入钻孔底部，废物容器不会发生裂开。

5.4.6.3 产生辐射污染

如果由于上述事故情景或未知原因产生的废物容器损坏，而在钻井液体中发现了过量的放射性，则对废物放置过程进行中止。

将对于污染液体的储存能力也应纳入钻机设计中，采取措施在地面设施中安全地储存被污染的液体。

5.5 处置孔封填

对于一个 5 km 长的处置孔，其封填范围包括废物处置区和密封回填区。

密封回填区为废物处置段上部至地面孔口深度范围内的封填段（0～3 km 深度范围），其长度为 3 km。由于密封回填区所处岩层不同，其回填材料也有所不同：沉积岩盖层，采用混凝土、沥青、膨润土黏土进行封填；花岗岩地层主要采用水泥和膨润土进行密封，其间以石英砂或岩石碎屑压载物进行分隔，并用水泥与砂石混合物进行回填。

废物处置区（3～5 km 深度范围）则采用水泥灌浆的形式，包容处置容器，起到了密封和承重的作用。

5.5.1 密封系统构成

处置孔密封系统可以在钻孔关闭后，抑制水和污染物通过钻孔，使处置废物与周围环境更好的隔离。密封系统采用了复合的、常规的、低渗透性的材料以减少材料使用的不确定性，具有极好的耐久性并可采用已有的施工技术，便于施工。

根据我国钻探技术与地质条件情况，以及钻孔孔径初步设计，可以将密封回填区分为上半段（0～1.5 km）和下半段（1.5～3 km），见表 5.5－1。

表 5.5－1　密封系统与套管

区域	深度/km	套　管
密封回填区上半段	0～1.5	中间套管 1
密封回填区下半段	1.5～3	无套管（花管带孔短节以上的部分，这部分将在密封阶段被切断并被提出钻井）
废物处置区	3～5	花管

对于下密封回填区，在移除花管的部分套管后，密封材料将直接与围岩岩壁贴合。在某些区域，两个水泥塞间将夹着一块膨润土密封材料，或者夹着一块膨润土与砂的混合材料。一块石英砂或碎岩压载物，将安装在水泥与膨润土之间，以减小化学相互作用。

对于上密封回填区，将安装桥塞以制造 API 型封塞，即先放置下部桥塞，再灌注 100 m 水泥，再放置上部桥塞，再灌注 100 m 水泥，最后回填至下一个桥塞，这样的多段密封方式即为 API 型密封。用于隔开水泥塞和回填材料的部分。中间套管 1 与孔壁间将灌注水泥密封以支撑套管。

由于地下 1.5 km 处孔径发生改变，为固定中间套管 1 并起到良好的密封作用，应在此处以水泥进行封堵，其长度为 100 m；同理，为固定花管，应在地下 3 km 处以水泥进行封堵，其长度为 100 m，用以封隔废物处置区与密封回填区。

5.5.2 密封材料要求

密封系统的性能取决于密封材料的性能，对密封材料的渗透性、耐久性、稳定性、力学性能、冗余等方面均有较高要求。

（1）渗透性

钻井密封必须在钻井内为流体流动提供低渗透性的屏障。废物上方密封区的材料整体渗透率必须小于 $1\times10^{-12}\ m^2$，本参考设计需要整体渗透率小于 $1\times10^{-16}\ m^2$。

（2）减少围岩渗透性

密封材料必须与孔壁形成一个低渗透性的联结，以阻止周围流体向密封材料流动。一些密封材料，如压实膨润土，应通过渗入裂隙减少钻井周围围岩的渗透性（膨润土可通过吸水发生变形）。

膨润土中的吸力将随土体温度和含水率变化，并引起土体渗透性及应力的改变。围岩与处置容器间的缓冲材料起到缓和围岩压力对处置容器的作用，同时通过自身吸水后体积膨胀以堵塞周围介质中的孔隙，有效阻滞放射性废物箱周围环境的迁移

（3）耐久性

密封材料必须具有足够的耐久性，尤其是在热峰期间（小于 2000 年），在这段时间内，流体的潜在流动可能性是最大的。

（4）力学强度

钻井密封必须承载来自上部材料的荷载，密封材料的膨胀力和下部超压。

（5）化学稳定性

密封材料必须在 100～200 ℃温度范围内、至少 200 年的时间范围内保持化学稳定性。

（6）吸附要求

某些作为钻井密封材料的材料应能够添加化合物加以改进，以作为“吸附剂”来迟滞不被吸附的核素（如 ^{129}I）迁移（既存在物理吸附，同时存在化学吸附，为混合吸附过程）。

（7）冗余与纵深防护

应使用多段密封材料（水泥、膨润土、回填材料等）提供冗余纵深防御屏障，即使某段密封材料失效，密封系统仍能维持其性能。

（8）冗余的要求

需使用冗余，这是因为某些密封材料的老化很难在更长时间的调整期内很难被阻止。

5.5.3 密封材料选择

0～1 km 处采用混凝土、沥青、压实膨润土作为主要密封材料；1～3 km 处采用水泥、石英砂与岩石碎屑压载物、水泥作为密封材料。

（1）膨润土

① 材料特性

膨润土及其他蒙脱石膨胀黏土安装在干燥环境下时，将会由于吸水而发生膨胀，从而完全将空隙填满并对围岩产生膨胀压力，以此形成一个低渗透性（10^{-20} m^2）区域。

由于表面积大、阳离子交换能力强，膨润土能够吸附许多阳离子核素，也可以形成化学屏障设计来吸附如 ^{129}I 之类的阴离子核素。

在废物处置区域，采用膨润土作为密封材料，因为膨润土具有低渗透性、高吸附性、自密封性和耐久性。处置容器串会用膨润土和水泥浆混合的散开泥浆包围。

② 膨润土放置

可以使用喷浆泵使膨润土泵至近地表深度，或者使用导管将膨润土颗粒放到水中。容器中的膨润土可以是预制的塞子，也可以是膨润土颗粒。或者可以使用带孔的导管来放置膨润土。

③ 化学变化

在高离子强度和钙离子环境下，离子将与膨润土发生化学反应使其转换为非膨润黏土，这样膨润土的膨胀就会被抑制住，密封材料的渗透率相应增加。钙来自水泥沥出液，高离子强度流体来自外围流体。膨润土的渗透系数随着压实度、Na 基和 Ca 基含量增大而减小，且当 Na 基和 Ca 基含量较小时，压实度对渗透系数的影响显著。

对于钠基膨润土而言，饱和密度至少要 1 600 kg/m^3，才能确保在与盐水接触时具有足够低的渗透率。

（2）水泥

① 材料特性

水泥渗透性低，能够穿透小的裂隙，耐久性好，且在钻井内安装水泥塞的技术已成熟。透过水泥密封段的流体迁移仅发生在水泥与围岩的接触面或通过岩体裂隙区。

水泥混合物用于改变混合物的凝固时间，改变新鲜水泥制品的黏度（和易性），以及改变硬化水泥制品的特性，尤其是潜在收缩率。

在水灰比 0.4 以及 2 周养护时间的条件下，水泥的渗透系数通常为 10^{-20} m^2。收缩、裂隙或化学反应可能会使渗透系数增大。

② 长期性能

在混凝土长期性能分析中，钻孔中水泥塞的耐久性以能够透过水泥介质的孔隙体积数量来分析。该分析表明：在既考虑淡水、又考虑盐水的情况下，在有化学证据表明水泥介质发生扰动之前，透过混凝土的孔隙体积必定大于100。这是在硅酸钙水化物（CSH）介质损坏开始之前所需要发生的临界体积。

水泥塞的长度是其寿命的最主要影响因素，推荐其长度至少达到100 m，对于长度为100 m的水泥塞，在水泥塞具备合理的物理特征值（包括10^{-16} m^2的渗透系数）条件下，水泥塞的寿命值取决于水泥塞顶部与顶部的压差。

（3）API型封塞

API（美国石油协会）建议对多段桥塞共同进行封填时，应先定位底部桥塞，再用水泥覆盖此桥塞，再放置另一个桥塞，然后再用水泥材料覆盖此桥塞，最后用砂或岩石碎屑颗粒回填至下一个桥塞，称之为API型封塞，是石油工业常用的封填类型。

（4）材料类型

采用石油行业常用于密封钻井的API水泥材料。

对于地表至地下1.8 km的范围，通常采用A、B、C类水泥；对于地下1.8～3.1 km的范围，通常采用D类水泥；对于地下2.4 km附近范围，通常采用G、H类水泥；对于地下3.1 km及更深处，宜采用E、F、J类水泥。石油行业通常采用A、C、G、H类水泥用于堵塞作业。

5.5.4 处置孔密封回填方案

深钻孔密封回填方案包括密封回填区设计和废物处置区密封设计（图5.5－1）。

5.5.4.1 处置区密封设计

在处置孔中下放一个处置容器串后，从其顶部灌注水泥浆，完全包容处置容器串，水泥起到密封和承重的作用。待水泥固结后放置金属桥塞，将相邻容器串通过桥塞隔离开来，桥塞可用来支撑下一组容器串的重量。然后，重复操作，进行下一个处置容器串的放置，水泥浆灌注，直至处置段范围完全封填。处置段封填完成后，高压喷砂在3 000 m处切断花管，取回引导管和花管。

其中桥塞的主要功能为在其上部安装更厚的水泥塞提供一个安装平台。

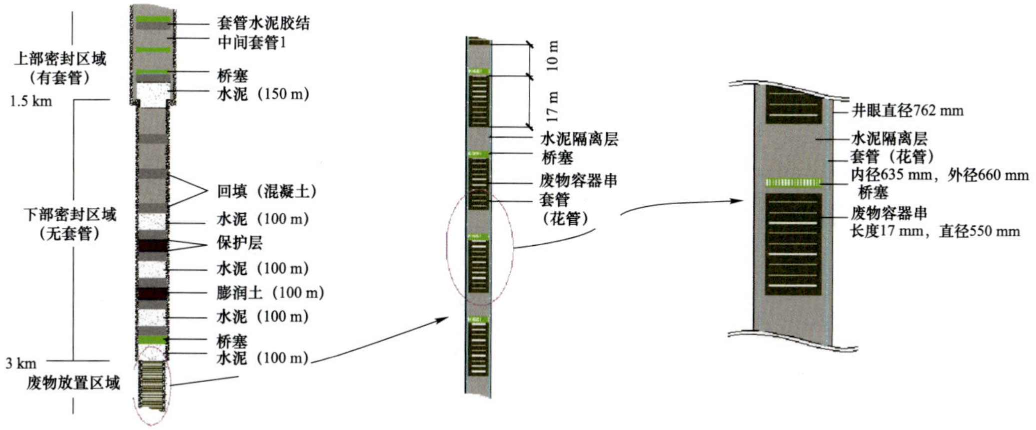

钻孔密封、回填概图　　废物放置段废物容器串布置概图　　废物放置段废物容器串布置详图

图 5.5－1　深钻孔处置封填区及废物处置区密封回填概念设计示意图

（1）永久式桥塞

1）塞封层工艺

永久式桥塞形成于 20 世纪 80 年代初期，由于它施工工序少、周期短、卡封位置准确，所以一经问世就在油气井封层方面得到了广泛应用，基本上取代了以前打水泥塞封层的工艺技术，成为试油井封堵已试层，进行上返试油的主要封层工艺。

在中浅层试油施工中出现的干层、水层、气层及异常高压等特殊层位，为方便后续试油，封堵废弃层位，通常采用该类桥塞进行封层，同时对于部分短期无开发计划的试油结束井也采用永久式桥塞封井。此外，该桥塞也用于深层气井的已试层封堵，为上返测试、压裂改造等工艺技术的成功实施提供保障。

2）工作原理

利用电缆或管柱将其输送到井筒预定位置，通过火药爆破、液压坐封或者机械坐封工具产生的压力作用于上卡瓦，拉力作用于张力棒，通过上下锥体对密封胶筒施以上压下拉两个力，当拉力达到一定值时，张力棒断裂，坐封工具与桥塞脱离。此时桥塞中心管上的锁紧装置发挥效能，上下卡瓦破碎并镶嵌在套管内壁上，胶筒膨胀并密封，完成坐封。

3）结构与特点

永久式桥塞外观图见图 5.5－2，结构如图 5.5－3 所示几个部分组成：

4）封层工艺

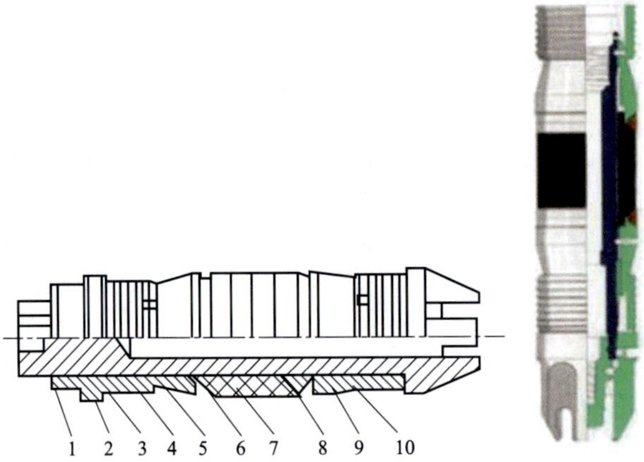

图 5.5-2　永久式桥塞示意图

1—销钉；2—锁环；3—上压外套；4—卡瓦；5—上坐封剪钉；
6—保护伞；7—封隔件；8—中心管；9—锥体；10—下坐封剪钉

图 5.5-3　永久式桥塞细节图

永久式桥塞具有以下特点：

- 结构简单，下放速度快，可用于电缆、机械或者液压坐封。
- 可坐封于各种规格之套管。
- 整体式卡瓦可避免中途坐封。
- 采用双卡瓦结构，齿向相反，实现桥塞的双向锁定，从而保持坐封负荷，压力变化亦可保证密封良好。
- 球墨铸件结构易钻除。
- 施工工序少、周期短、卡封位置准确、深度误差小于 1 m，特别是封堵段较深、夹层很薄时更具有明显的优越性。

5）永久式桥塞主要技术指标

- 工作温度：120～170 ℃。
- 工作压力：35 MPa，50 MPa，70 MPa。
- 坐封力：140～270 kN。
- 适用套管：127～244.5 mm

6）施工方式

永久式桥塞根据下井方式，分为电缆输送和油管输送两种。

① 电缆输送可钻桥塞的施工步骤

- 用电缆将专用的捕捞器下至桥塞坐封深度以下，目的是检查套管内径，捞出井内液体中影响顺利下入的杂物，捕捞器的外形尺寸等于或稍大于桥塞的外形尺寸。
- 将桥塞、坐封工具、安全接头、磁性定位器与电缆连接好，平稳下入井内，下放速度在 4 000 m/h 以内。
- 测套管接箍，准确调整桥塞坐封位置。
- 通电引爆，坐封桥塞，引爆 5 min 后上提、下放电缆 2～4 m，判断桥塞是否已坐封。
- 起出坐封工具，在工具提出井口前，需检查泄压头是否冲掉，防止拆卸时残余压力伤人。
- 桥塞坐封后，井口密封接好试压管线按要求进行试压，验证其密封的可靠性。
- 试压合格后，下倒灰筒，在桥塞顶部倒入一定量的水泥浆。

② 注意事项

- 施工前，必须认真检查电缆、绞车、仪表和下井的工具仪器。
- 雷管、炸药包等易燃易爆品，必须按规定严格保管、运输和使用。
- 套管必须经过刮削或用标准的通井规通过。
- 井内液体要经过过滤，保证无杂物。
- 桥塞下放速度必须严格控制，若有遇阻现象，只能慢慢活动，不能猛冲。

油管输送桥塞是针对大斜度井、定向井和稠油井下电缆桥塞常出现遇阻的情况而开发研制的。与电缆桥塞相比，仅仅是输送方式和坐封方式不同。

油管输送桥塞是用油管或钻杆将桥塞下至预定位置，由地面加压坐封，施工步骤、安全注意事项等与电缆桥塞大体相同。

（2）可取式桥塞

1）封层工艺

可取式桥塞是随着永久式桥塞的出现而产生的，形成于 80 年代，作为一种油田用井下封堵工具，在油田勘探和开发中广泛用于对油水井分层压裂、分层酸化、分层试油施工时封堵下部井段。它较好地解决了坐封、打捞、解封操作复杂，使用成功率低的问题。功能上部分可以替代丢手+封隔器、永久式桥塞和注灰封堵，是一种安全可靠、成本低廉、功能齐全的井下封堵工具。

2）工作原理

该桥塞下井时通过拉断棒及拉断环与坐封工具联结，利用电缆或者管柱将其输送到井筒预定位置后，通过地面点火引爆或者从油管内打压实现桥塞坐封和丢手，既安全又可靠。打捞时只需下放打捞工具打开该桥塞上的中心管锁紧机构再上管柱即可实现解封。具有坐封、打捞、解封操作简单、施工方便使用成功率高等特点。

3）结构与特点

同永久式桥塞基本一样，也是由坐封机构、锚定机构和密封机构等部分组成。结构如图 5.5－4 所示。

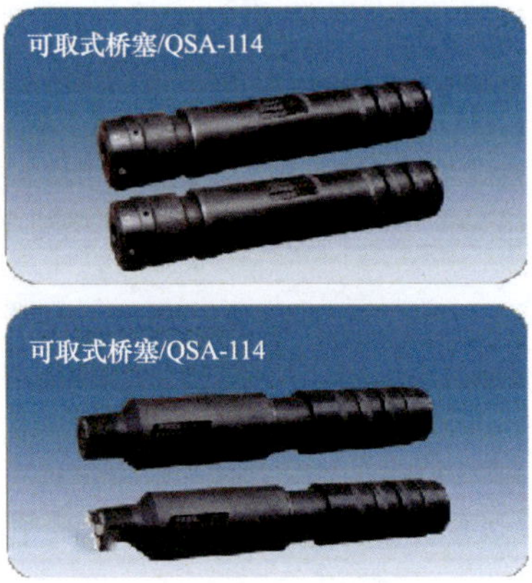

图 5.5－4　可取式桥塞示意图

4）可取式桥塞特点

- 桥塞坐封力由张力棒控制，保证坐封安全可靠。
- 能可靠地座封在任何级别的套管内，可在斜井中安全使用，不易遇阻遇卡。
- 锁紧装置保护座封负荷，保证压力变化下仍可靠密封。
- 双道密封胶筒能可靠密封。
- 打捞头和平衡阀相配套容易解封。
- 由于非正常原因不能捞出时，可较方便地钻除。

5）主要技术指标

- 工作温度：120～170 ℃。
- 工作压力：45 MPa。
- 适用套管：101.6～177.8 mm。

6）适用井条件

- 桥塞深度以上的套管无变形，坐封位置的套管钢级强度不超过 P110。
- 井筒液体清洁、无杂物、无结块，密度小于 1.5 g/cm^3，黏度小于 30 mPa·s，H_2S 含量小于 5%。

7）施工方式

可取式桥塞根据下井方式，分为电缆输送和油管输送两种。

① 电缆输送可取式桥塞的施工步骤

- 桥塞下井前，应向投放器油室中灌满柴油，装好尼龙塞，分别装入火药柱、点火器，达到技术要求后，连接相关马龙头、磁性定位器、桥塞投放器、桥塞主体。

● 可取式电缆桥塞下井前，关闭井场所有动力设备，切断电源，并对投放器进行通断检查，并及时放电，阻值正常，保证完好。

● 检查磁定位器的讯号，使它的性能达到标准，再检查各部位的机械连接是否牢固可靠。

● 桥塞下井时，电缆下放速度井口段不得超过 1 800 m/h，正常下放速度不超过 3 000 m/h，中途减速换挡操作要平稳。

● 桥塞点火后，观察电流表、绞车电缆，以判断火药是否点燃，桥塞是否座封。（一般应控制在 30 s 左右）。点火后电流表有大幅度摆动，电缆和绞车有明显晃动，证明桥塞座封，此时电缆及投放器应静止 5min，待井下投放器内剩余气压完全泄完。

② 注意事项

施工前，必须认真检查电缆、绞车、仪表和下井的工具仪器。

● 小队要有专人负责指挥作业机进行机械起吊，做到操作平稳、不碰不撞。

● 发现桥塞遇阻应慢起，起速不得超过 1 800 m/h，上起中途不得换挡或停车，起出后停止施工。

③ 可取式桥塞的打捞

● 用油管连接桥塞专用打捞器下井，当管柱下放到桥塞座封位置以上 50 m 时，减速慢下，注意观察吨位表。

● 当吨位表有明显减小变化，打捞器已到鱼项，立即停车，采用压裂车从油管和油套环空中进行正、反循环冲砂，将桥塞上部沉砂及杂物返出井口，然后正转油管使打捞器套铣进入桥塞上部。

● 利用油管钻具重量缓慢下压打捞器，并观察吨位表和油管柱，若有变化证明打捞器的衬管下推桥塞平衡阀，并使打捞器的爪子已抓住了打捞头。

● 上提管柱，同时观察吨位表，若在原管柱悬重的基础上增加约 2～3 t，突然降止原悬重时，证明桥塞已成功解封，然后均速起出管柱和打捞器以及桥塞主体。

● 若打捞器抓住桥塞后反复上提管柱不解封时，可将钻具悬重提起，正向转动油管，使桥塞上部安全帽自行脱开，起出管柱和打捞器，然后套铣桥塞本体。

5.5.4.2 密封回填区设计

密封回填区包括上、下两段（图 5.5－5）。上封填段（0～1.5 km）保留套管，下封填段（1.5～3 km）为无套管部分，套管在封填开始时即被切断取出，这样密封回填材料能够直接与岩壁接触，并可在一定程度上挤入围岩扰动区岩体裂隙中，更好地起到封堵作用。

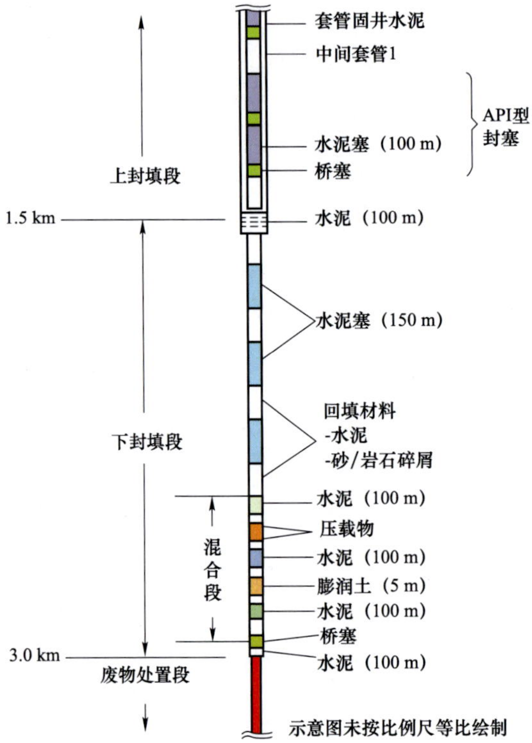

图 5.5－5　深钻孔处置封填区密封回填概念设计示意图

（1）下封填段

封填流程自下而上依次为：

① 初步考虑在封填段底部注入长度 100 m 水泥段，可起到密封及隔热作用，水泥段上部安装桥塞。

② 采用一系列密封回填材料（包括水泥、膨润土或膨润土－砂等）进行封填，如图 5.5－6（b）。水泥段可限制膨润土膨胀变形，同时可起到支撑上部材料重量的作用；钠基膨润土会与水泥中的 Ca^{2+} 发生化学反应，使膨润土体积缩小，失去膨胀性，故采用石英砂或岩石碎屑压载物可以将水泥与膨润土隔开，从而减少两者化学相互作用。

③ 对于围岩扰动区采用了 3 个 150 m 长的水泥塞进行密封，见图 5.5－6（a）。水泥与膨润土将可能会一定程度地挤入围岩扰动区的裂隙中。下半部分将同样有砂或岩石碎屑颗粒，它们能够与岩壁以作为回填材料的密封材料相容，能够延迟水泥的收缩，且能够减少钻井封填的整体成本。

④ 其他部分采用回填材料封填。

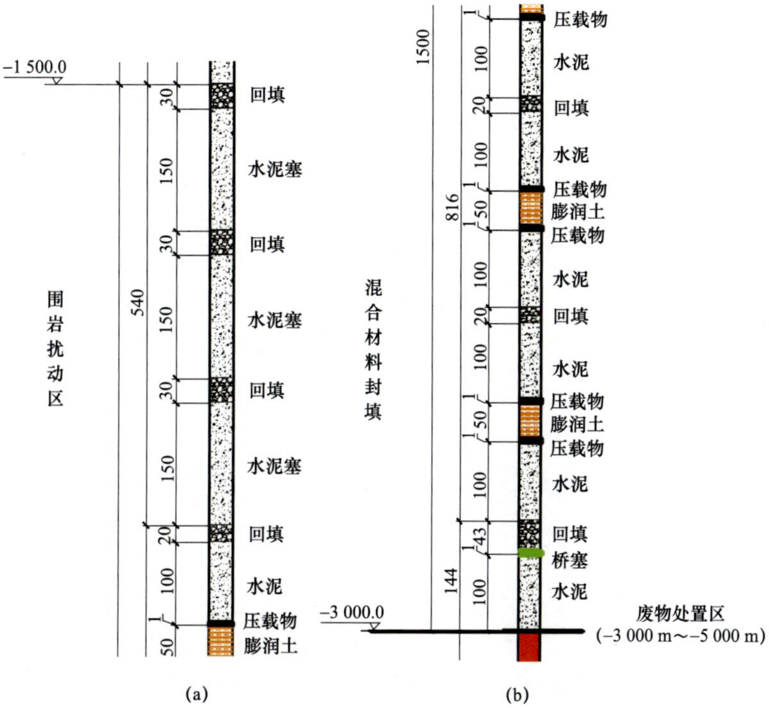

图 5.5-6　下封填段（-1 500 m～-3 000 m）钻孔关闭设计方案示意图

（a）采用 3 个 150 m 长的水泥及回填材料；

（b）采用水泥、膨润土、膨润土-砂等一系列密封回填材料

（2）上封填段

上封填段主要采用桥塞封填。使用多段桥塞密封时应采用 API 型封塞（即先放置下部桥塞，再灌注 100 m 水泥，再放置上部桥塞，再灌注 100 m 水泥，最后回填至下一个桥塞），见图 5.5-7。

膨润土在高强度离子浓度条件下会与如 Ca^{2+}、Mg^{2+}和由钢套管的厌氧腐蚀产生的 Fe^{2+}等二价阳离子发生反应，体积减小，失去膨胀性。因上封填段保留了套管并在套管与孔壁间灌注水泥（含有大量 Ca^{2+}）固定套管，易使膨润土失去密封效果，故不考虑在上封填段采用膨润土封填。

为保护钻孔中密封回填材料，避免在未来大时间尺度范围出现材料腐蚀失效，在地下 30 m 处安装一个地表封塞。参考芬兰 Olkiluoto 乏燃料处置库场址区勘钻孔密封方案，采用铜制封塞作为地表封塞，见图 5.5-8。

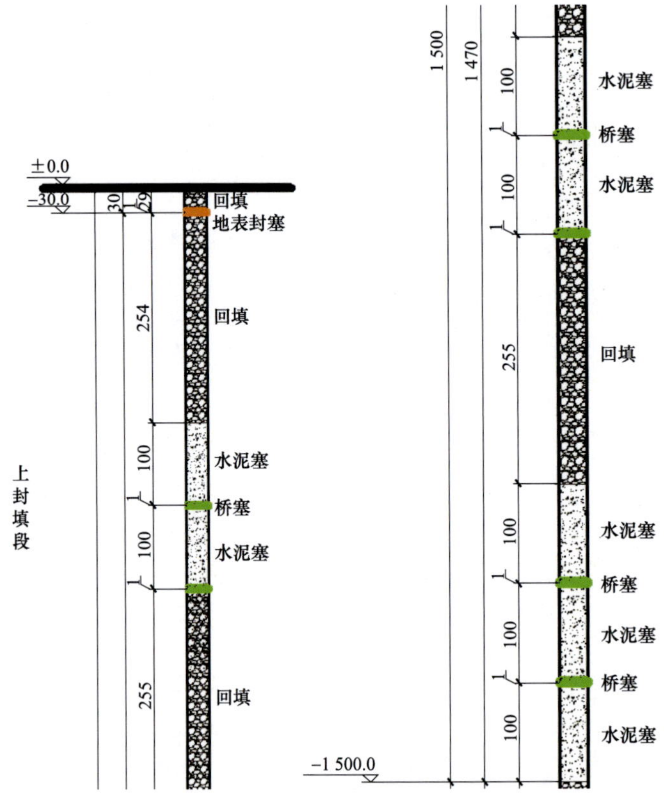

图 5.5−7 上封填段（0～−1 500 m）钻孔关闭设计方案示意图

5.5.5 钻孔关闭作业顺序

处置孔关闭应从下至上进行，按照废物处置区（3～5 km）、密封回填区下段（1.5～3 km）、密封回填区上段的顺序进行操作（1.5 km 以上），见表 5.5−2。

（1）废物处置区

对地下 3 km 及 3 km 以下的废物处置区进行封填时，应先完成废物容器放置工作，容器串之间灌注水泥浆；再从最后一个容器串顶部灌注水泥浆至完全封填。然后采用高压喷砂在 3 km 处切段花管并取出 3 km 以上部分的花管和引导管。

图 5.5−8 芬兰 Olkiluoto 乏燃料处置库场址区勘探钻孔铜制地表封塞

为固定 3 km 以下部分的花管，需在 3 km 处灌注 100 m 长的水泥浆，从而固定花管顶部。

表 5.5－2 钻孔密封操作顺序

位置	操作	具体流程
3 km 以下	密封处置区	完成废物放置工作，从顶部灌注水泥浆至完全封填，高压喷砂在 3 000 m 处切断花管，取回花管和引导管
3 km 处	水泥固定花管顶部	灌注水泥，长 100 m
1.5～3 km	第 1 段密封	水泥灌浆，放置石英砂、岩石碎屑压载物，放置膨润土或膨润土－砂混合物，再以压载物覆盖，水泥灌浆，回填至下一个密封段
	第 2 段密封	水泥灌浆，放置石英砂、岩石碎屑压载物，放置膨润土或膨润土－砂混合物，再以压载物覆盖，水泥灌浆，回填至下一个密封段
	第 3 段密封	水泥灌浆，放置石英砂、岩石碎屑压载物，放置膨润土或膨润土－砂混合物，再以压载物覆盖，水泥灌浆，回填至下一个密封段
	封塞 1	安装长度为 150 m 的水泥塞，并以水泥－砂/碎石混合物回填至封塞 2
	封塞 2	安装长度为 150 m 的水泥塞，并以水泥－砂/碎石混合物回填至封塞 3
	封塞 3	安装长度为 150 m 的水泥塞，并以水泥－砂/碎石混合物回填至 1.5 km 处
1.5 km 处	水泥固定中间套管 1 底部	灌注水泥，长 100 m
0～1.5 km	第 1 个 API 型密封	放置下部的桥塞，连续水泥作业 100 m，放置上部的桥塞，继续第 2 个 100 m 的水泥作业。回填至第 2 个 API 型封塞
	第 2 个 API 型密封	放置下部的桥塞，连续水泥作业 100 m，放置上部的桥塞，继续第 2 个 100 m 的水泥作业，回填至第 3 个 API 型封塞
	第 3 个 API 型密封	放置下部的桥塞，连续水泥作业 100 m，放置上部的桥塞，继续第 2 个 100 m 的水泥作业，回填至地表封塞
	地表封塞	在地下 30 m 处安装铜制地表封塞，然后回填至地表

（2）密封回填区下段

对于在封填时需要切断套管并取出的情况，需采用三封塞结构，共同作用于下封填段密封。

整个下封填段共有 3 大密封段，均先灌注水泥浆，然后放置石英砂、岩石碎屑压载物用以分隔水泥和膨润土阻止其发生反应，再放置膨润土或膨润土和砂的混合物，再以压载物覆盖压实，最后以水泥灌浆密封，并回填至下一个密封段。

在 3 个密封段之上还将安装 3 个长度为 150 m 的水泥塞，其间以水泥－砂/碎石混合物回填。

（3）密封回填区上段

对地表至地下 1.5 km 的上封填段进行密封时，主要采用 API 型密封，先放置下部桥塞，灌注 100 m 水泥浆，再放置上部的桥塞，继续灌注 100 m 水泥，最后回填至下一个 API 型封塞。该段密封共有 3 个 API 型封塞，最后一个 API 型封塞回填至处置孔孔口。

5.5.6 水化热防止措施

水泥与地下水作用放出热量，由于深钻孔处置关闭方案设计中的水泥密封材料长度均大于 100 m，虽浇筑的直径较小，但仍需适当考虑水化热问题，防止产生较大的水化热导致水泥膨胀开裂，影响封填效果。

结合我国深钻孔封填关闭设计方案及对密封材料的要求，可以考虑在施工时采取以下措施：

（1）使用外加剂（如减水剂、膨胀剂），减少收缩应力。但需注意硫铝酸钙类膨胀剂和硫铝酸钙–氧化钙类膨胀剂不能用于长期处于 80 ℃以上的环境中，不适用于深钻孔关闭方案。

（2）增加养护时间，降低设计标号。

（3）分层浇筑，分段灌浆。

5.6 深钻孔处置布置方案

5.6.1 处置孔布置依据

（1）自然环境和地质条件；

（2）钻井设备、钻井工艺、井身质量、固井技术、完井技术等要求；

（3）处置容器放置技术、放射性废物释热要求；

（4）地形和用地要求、施工要求；

（5）防喷、防爆、防火、防毒、防冻要求；

（6）成本测算等经济性要求；

（7）采用技术满足成熟、先进、适用等原则。

5.6.2 处置孔布置方案

根据本次工作热学计算成果，考虑井斜要求、处置孔废物相互作用，结合我国目前钻探技术水平和钻井井身技术规范要求完钻井深为 4 000～5 000 m，井斜角小于 11～12°，井底水平位移控制值小于 160 m。为了避免处置孔中废物在地层深处相互影响，处置孔间距定为 150～160 m，处置孔布置如图 5.6–1～图 5.6–3 所示。

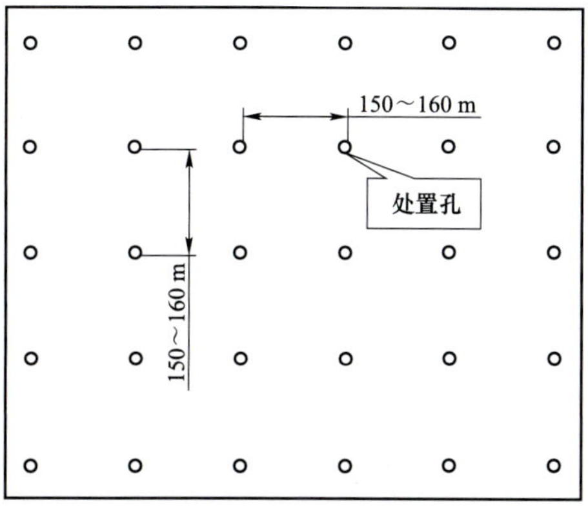

图 5.6-1　钻孔布置

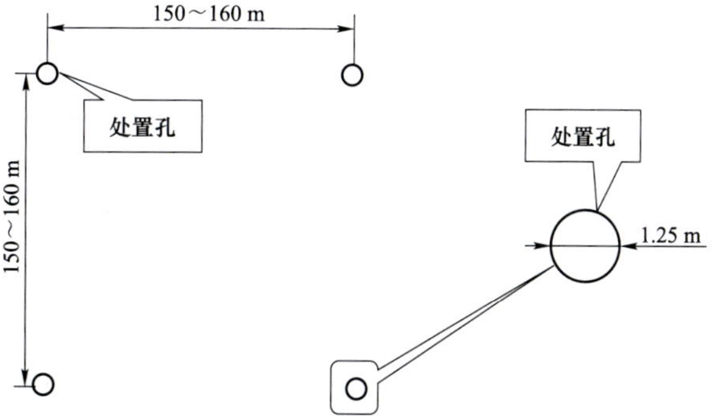

图 5.6-2　钻孔间距和直径

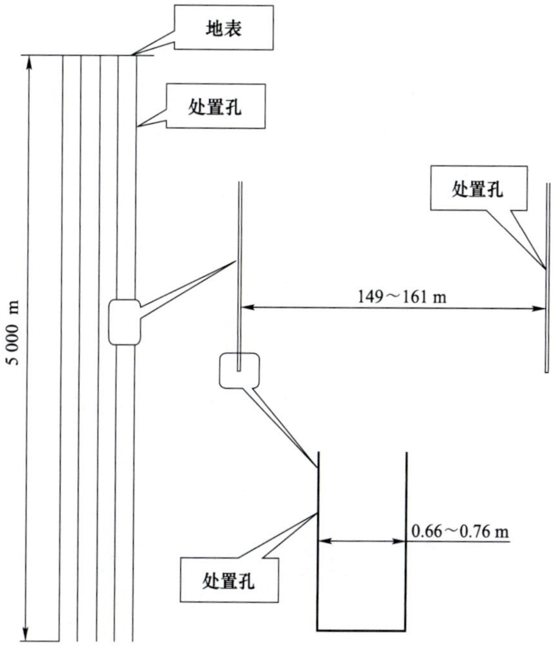

图 5.6-3　处置孔纵断面

本章内容主要为高放废物深钻孔处置整体处置概念的设计与初步技术可行性分析，通过基本安全策略的分析，指出深钻孔处置安全隔离目标的实现主要依赖天然地质屏障的隔离作用；考虑到乏燃料与玻璃固化体尺寸存在差异，针对两种废物特征设计了不同的处置孔结构尺寸，乏燃料处置孔终孔直径 0.52 m，玻璃固化体终孔直径 0.71 m，对该尺寸下处置孔施工工艺及未来钻探技术水平的发展进行分析；结合处置容器材料性能、深部地质环境等进行处置容器结构设计，初步选定乏燃料处置容器外部直径 350 mm、长度 4 840 mm，玻璃固化体处置容器外部直径 550 mm、长度 1 650 mm；容器放置方法初步选用钻杆放置法；处置孔封填设计则根据不同区域结构特征，划分为处置区封填、密封回填区下段封填与密封回填区上段封填，给出了不同分段的封填材料与封填工艺；最后，结合深钻孔井斜要求及避免钻空间释热的相互影响，初步确定处置孔间隔为 150～160 m。

6

深钻孔处置热学计算与初步安全评价

6.1 深钻孔处置热学计算

6.1.1 概况

本次热学计算以处置玻璃固化体钻孔为研究对象，地层温度梯度 25 ℃/km，地表温度 10 ℃。

6.1.2 数值分析模型

数值分析模型见图 6.1－1，模型包括处置区，上部密封段区和下部影响区。处置井直径 0.72 m，开挖扰动影响范围 0.64 m，模拟范围为 160 m × 160 m × 4 500 m，共计 18 720 个单元，17 160 个节点，在模型的底面（$z=-1\ 000$ m）处施加竖向约束，在模型的侧面（$x=-80$ m，$x=80$ m；$y=-80$，$y=80$ m）处施加水平约束。

6.1.3 模型参数

6.1.3.1 高放玻璃固化废物衰变热

由于高放废物内部核素的衰变，废物体将不断向外界环境释放热量，衰变热是热学计算的重要输入数据。一罐高放玻璃固化废物自产生之日（0 年）起衰变热功率的数据见表 6.1－1。

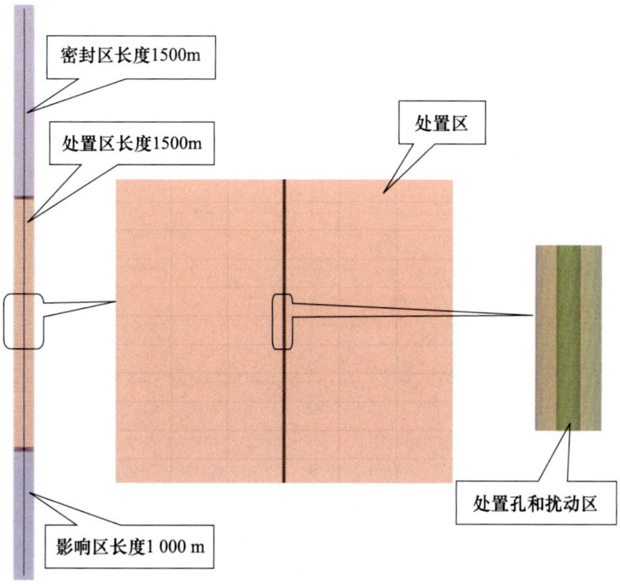

(1)

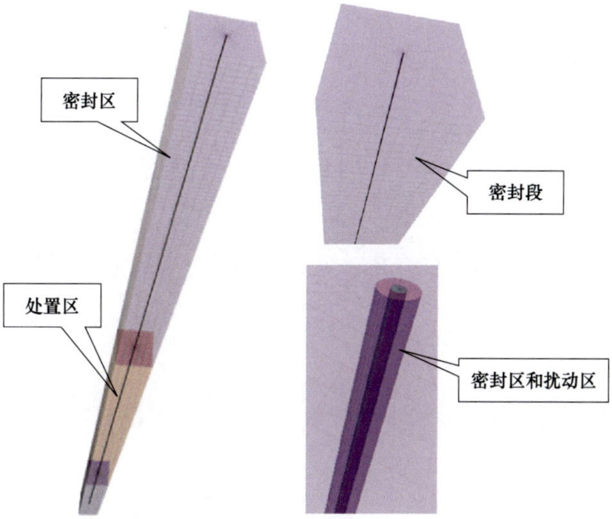

(2)

图 6.1－1　FLAC3 D 数值分析模型

表 6.1－1　每罐高放玻璃固化废物的衰变热

时间/年	衰变热功率/W
0	2 200
10	1 500
20	1 180
30	920

续表

时间/年	衰变热功率/W
40	760
50	600
60	480
70	400
80	330
90	270
100	230

衰变热功率可表达为：

$$N_T = \sum_{i=1}^{n} A_i e^{-\lambda_i T} \tag{6-1}$$

式中：

N_T：废物体衰变热功率。

A_i：核素衰变过程中物质宏观物理量的初始值，与 N_T 对应这里 A_i 可表示废物内各衰变核素的初始热功率。$i=1$，2，…，n，表示第 i 个核素，n 为核素种类数。

λ_i：表示各衰变核素的衰变常数，与核素的半衰期 $t_{1/2}$ 的关系为：

$$t_{1/2} = \frac{\ln 2}{\lambda} \tag{6-2}$$

衰变热功率参数见表 6.1－2，图 6.1－2 为高放玻璃固化废物衰变热功率的数据拟合。

表 6.1－2　衰变热功率拟合参数

i	1
A_i（W）	$1.598\ 1\times10^{3}$
λ_i（1/年）	$2.780\ 2\times10^{-2}$
$t_{1/2}$（年）	$2.493\ 2\times10^{1}$

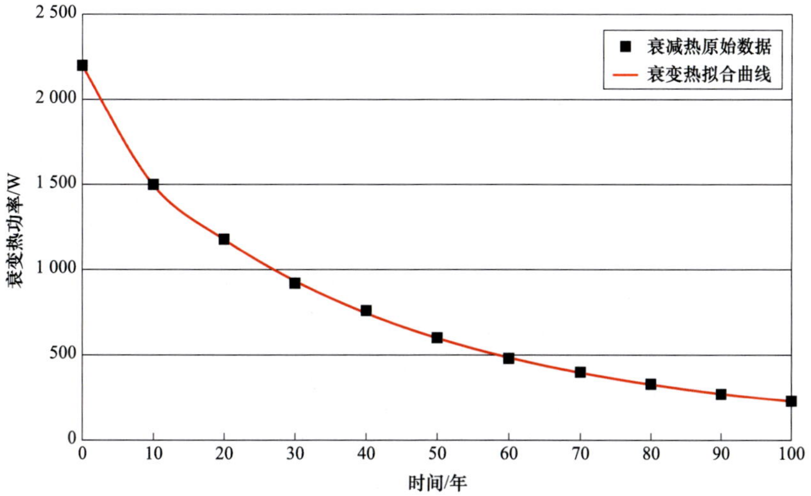

图 6.1－2　高放玻璃固化废物衰变热的数据拟合

6.1.3.2　围岩和材料参数

计算参数见表 6.1－3 所示。

表 6.1－3　围岩和材料参数

参数	围岩	围岩扰动区	密封孔	处置井回填
渗透系数/（m/s）	10^{-12}	10^{-9}	10^{-9}	10^{-9}
密度/（kg/m^3）	2.75	2.75	2.75	2.75
比热容/［J/（kg·K）］	790	790	760	760
导热系数/［W/（m·K）］	3.0	3.0	1.5	46.0
孔隙率	0.01	0.01	0.35	0.001

6.1.4　计算结果分析

6.1.4.1　初始地层温度场

图 6.1－3 为初始地层温度场，模型最大深度温度为 160 ℃，地表温度 10 ℃。

6.1.4.2　废物释热引起处置区周围环境温度场变化

图 6.1－4 为处置后 1 年处置区域温度场分布，最高温度为 191 ℃。图 6.1－5 为处置区顶部和中部温度曲线，顶部的温度低于中部温度，分别为 130 ℃和 178 ℃。图 6.1－6 为处置区中部深度沿水平方向不同位置的温度曲线，距离处置区中心越近，温度越高，随

着距离的增加，温度逐渐降低。

图 6.1－7 为处置后 3 年处置区域温度场分布，最高温度为 198 ℃。图 6.1－8 为处置区顶部和中部温度曲线，分别为 136 ℃和 184 ℃。图 6.1－9 为处置区中部深度沿水平方向不同位置的温度曲线，随着距中心距离的增加，温度逐渐降低。

图 6.1－10 为处置后 6 年处置区域温度场分布，最高温度为 199 ℃。图 6.1－11 为处置区顶部和中部温度曲线，分别为 136 ℃和 184 ℃。图 6.1－12 为处置区中部深度沿水平方向不同位置的温度曲线，随着距中心距离的增加，温度逐渐降低。

图 6.1－13 为在 1～6 年期间处置区中部深度沿水平方向不同位置的温度曲线，随着时间的增长，温度逐渐增加，影响范围逐渐增大，至第 6 年，影响范围小于 40 m。图 6.1－14 为在 1～6 年期间处置区沿垂直方向不同位置的温度曲线，随着时间的增长，在初始地层温度场基础上温度沿着深度等值增加，孔底温度达到最大值。

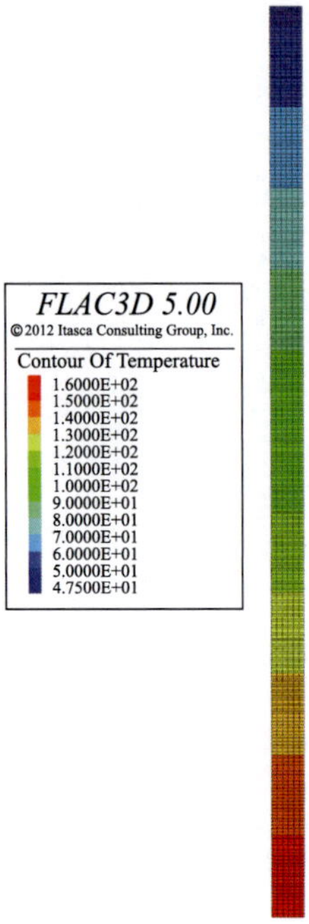

图 6.1－3　初始温度场

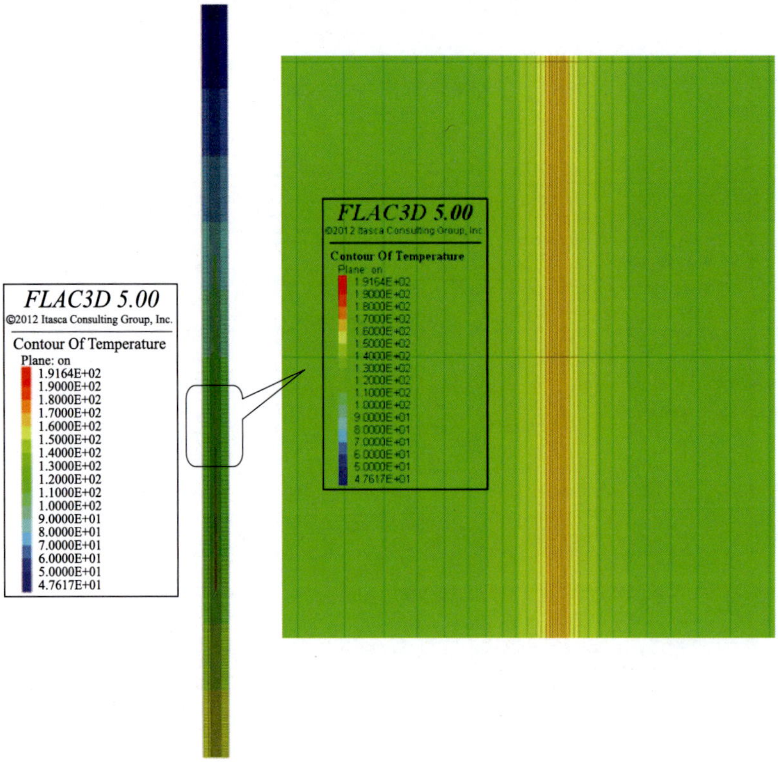

图 6.1－4　温度场（1 年时间）

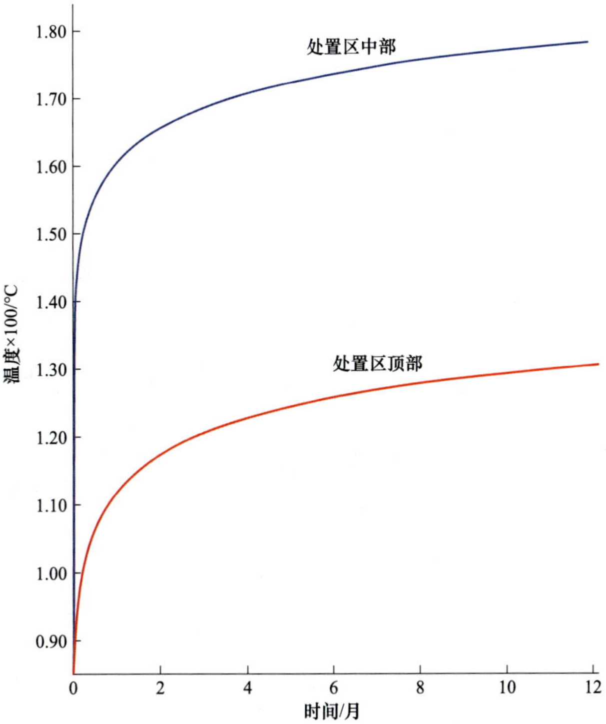

图 6.1－5　处置区顶部和中部位置温度与时间关系曲线（1 年时间）

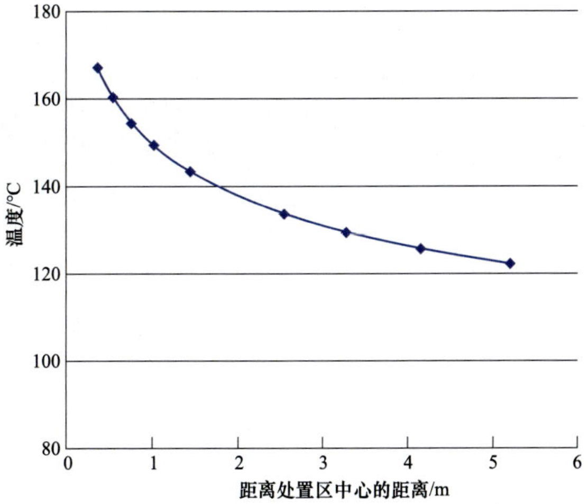

图 6.1－6　处置区中部沿水平方向不同位置的温度曲线（1 年时间）

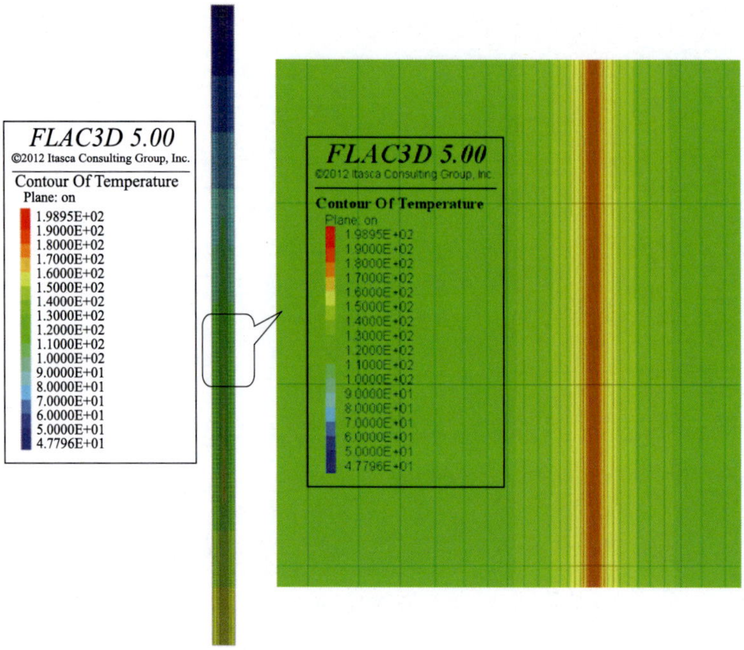

图 6.1－7　温度场（3 年时间）

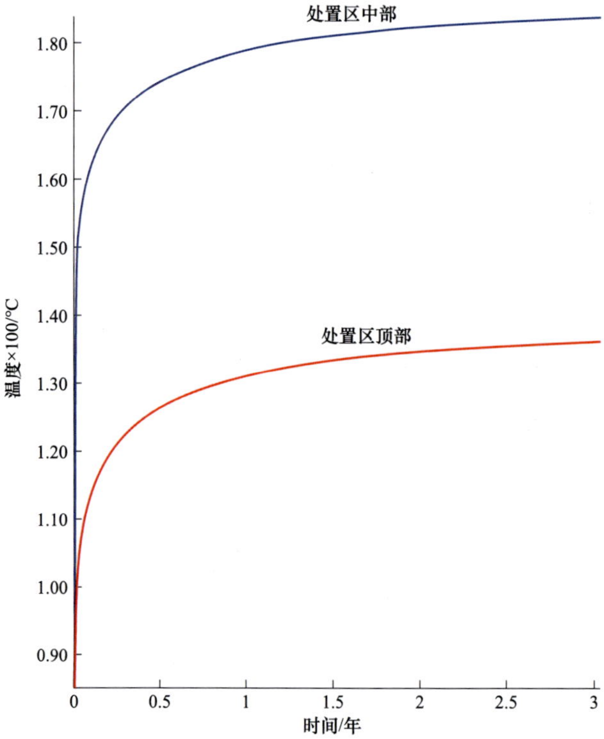

图 6.1－8　处置区顶部和中部位置温度与时间关系曲线（3 年时间）

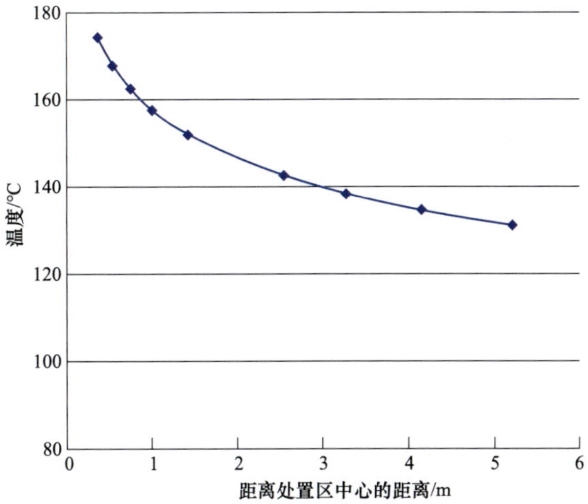

图 6.1－9　处置区中部沿水平方向不同位置的温度曲线（3 年时间）

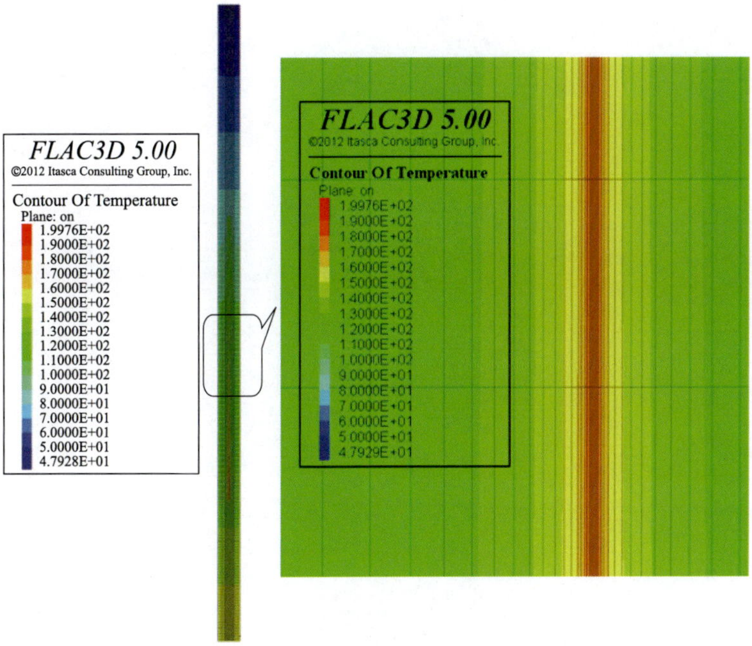

图 6.1－10　温度场（6 年时间）

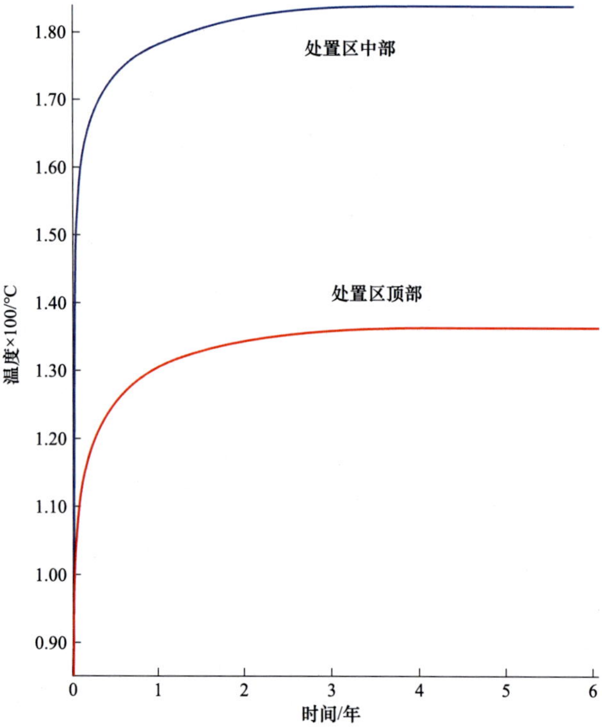

图 6.1－11　处置区顶部和中部位置温度与时间关系曲线（6 年）

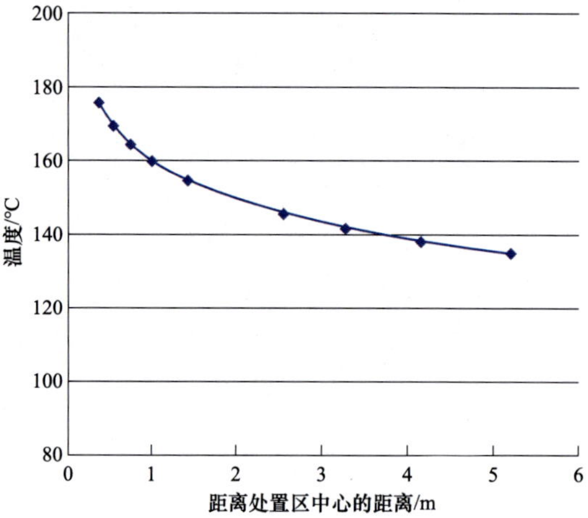

图 6.1－12　处置区中部沿水平方向不同位置的温度曲线（6 年）

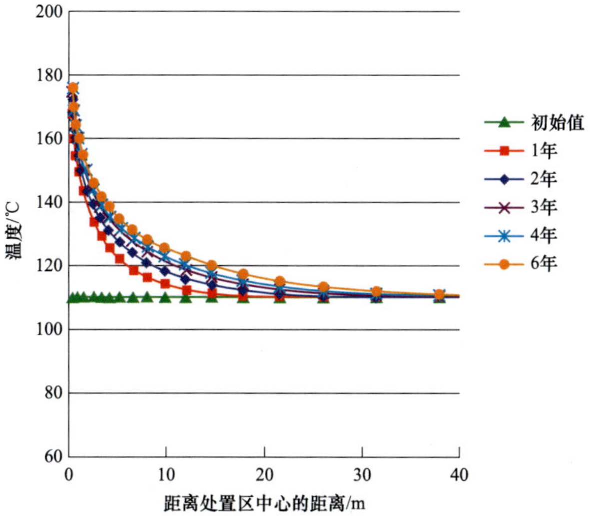

图 6.1－13　处置区中部沿水平方向不同位置的温度曲线（1～6 年）

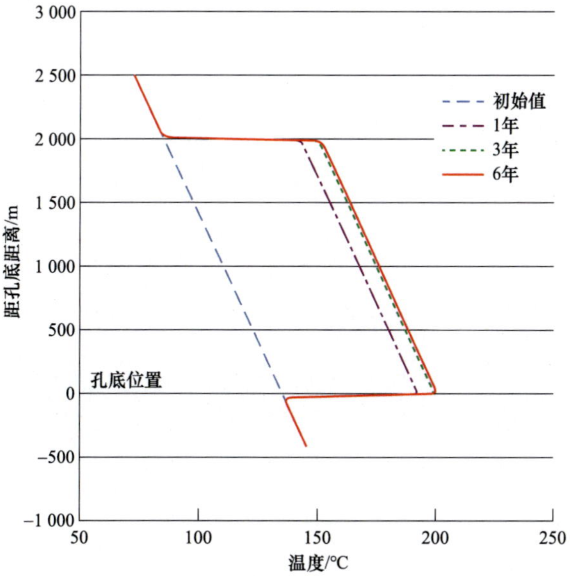

图 6.1－14　处置区沿垂直方向不同位置的温度曲线（1～6 年）

分别预测了 1～6 年的温度场变化，得出以下结论：

（1）1 年、3 年和 6 年的最高温度分别为 191 ℃、198 ℃和 199 ℃，最高温度位于孔底位置。

（2）随着距处置区中心距离的增加，温度逐渐降低，影响范围小于 40 m。

（3）随着时间的增长，在初始地层温度场基础上温度沿着深度等值增加，3 年以后温度增长较少，孔底温度达到最大值。

需要注意的是，本次计算为玻璃固化体未经过暂存直接进行处置所导致的处置围岩升温结果，参考图 6.1－2 所示玻璃固化体衰变热功率，可知对玻璃固化体等高放废物进行 10～20 年的地面暂存后进行处置，将显著降低废物释热影响。

此外，废物体释热除导致处置围岩温度升高外，同时会引起围岩裂隙中地下水的温度与压力变化，进而引进由高温区向低温区的热驱动水流，美国 Sandia 实验室对深钻孔处置在废物放置初期由释热导致的垂直向上地下水流计算结果如下：释热引起的垂直向上地下水流动仅发生在废物放置后的较短时间（主要为放置后的 200 年内，总体持续约 1 000 年），热驱水流最大影响范围为 1 000 m，处置区的平均流速 0.017 m/a。

6.2 深钻孔处置初步安全评价

6.2.1 剂量限值确定

我国颁布的《放射性污染防治法》与《放射性废物安全管理条例》，以及最新出台的《核安全法》均已明确对于高放废物实行集中的深地质处置，但目前尚无对于高放废物处置安全指标的具体规定。

而国际通用的安全指标通常为剂量指标和风险指标，将其作为安全评价开展的基本指标，各国高放废物处置制定的剂量与风险防护指标见表 6.2－1。

根据表 6.2－1 可知：（1）目前国际对于高放废物处置的级联约束值为 0.1～0.3 mSv/a，风险约束值主要有两个 10^{-5} 和 10^{-6}；（2）一般不区分不同的时间阶段，处置库关闭后的早期阶段使用剂量指标，更遥远时期则通过风险指标或引入发生概率；（3）排除发生概率极小的事件或过程。

表 6.2－1　各国高放废物处置基本安全指标总结

国家或机构	基本指标	防护时间尺度	防护设计	保护对象
IAEA	剂量：0.3 mSv/a；风险：10^{-5}/a	/	多重屏障：废物体、容器、缓冲/回填材料、围岩	人类，多种方式论证，天然类比和古水文地质研究
加拿大	正常演化：0.3 mSv/a；破坏性事件：1 mSv/a（参照低中放废物近地表处置）	处置系统对乏燃料提供至少超过 100 万年的有效隔离能力	多种屏障：CANDO 乏燃料、铜钢双层壳容器、膨润土、围岩等	保护人类及非人类生物，限制地下水中代表性核素的浓度，关闭前可回取

续表

国家或机构	基本指标	防护时间尺度	防护设计	保护对象
美国	无人类闯入：0.15 mSv/a；1 万年内发生人类闯入：0.15 mSv/a	处置系统对乏燃料提供至少超过 100 万年的有效隔离能力	多种屏障：乏燃料、镍基合金容器（22 号合金）、防滴罩、膨润土、围岩等	人类，1 万年内限制地下水中放射性核素浓度；涵盖剂量峰值；1 万年后剂量约束值为 3.5 mSv/a；不考虑发生概率为 10^{-8}/a 的事件或景象
瑞典	风险：10^{-6}/a（剂量转换因子为 0.073 Sv^{-1}）	处置系统对乏燃料提供至少超过 100 万年的有效隔离能力	多种屏障：乏燃料、铜外壳、球墨铸铁内支撑、膨润土、花岗岩等	人类，关闭后 1 000 年以内进行定量评价，包括集体剂量；考虑生物多样性及生物资源的辐射保护
芬兰	正常演化：0.1 mSv/a；小概率事件，使用等效于剂量的风险值 ^{14}C、^{135}Cs、^{36}Cl：0.3 GBq/a	处置系统对乏燃料提供至少超过 100 万年的有效隔离能力	多种屏障：乏燃料、铜外壳、球墨铸铁内支撑、膨润土、花岗岩等	人类，剂量或风险约束适用于几千年，更长时间适用特定核素约束；建议对不确定性采用确定的保守分析
法国	正常演化：0.25 mSv/a	/	多种屏障：乏燃料、玻璃固化体、混凝土制容器、钢外壳、膨润土、黏土岩等	剂量值适用于 1 万年，在更长时间上作为参考，几百年内可回取，容器可保证最少 4 000 年的包容功能
韩国	正常演化：0.1 mSv/a；破坏性事件：10^{-6}/a；人类闯入：1 mSv/a	/	/	人类
英国	剂量：0.3 mSv/a；风险：<10^{-6}	/	/	剂量值适用于可控时期，风险值适用于更长时期，要求核素释放不可能导致环境中的放射性核素限制增加
瑞士	剂量：0.3 mSv/a；风险：10^{-6}/a	处置系统对乏燃料提供至少超过 100 万年的有效隔离能力	多种屏障：乏燃料组件/玻璃胶护体，铸刚制外包装容器、膨润土、围岩	人类，剂量值对应高概率景象；风险值对应低概率景象
比利时	剂量：0.1～0.3 mSv/a；风险：10^{-5}/a	/	多重屏障：乏燃料组件.玻璃固化体、超级容器、膨润土、Boom 黏土	剂量值对应高概率景象；风险值对应低概率景象
西班牙	剂量：0.3 mSv/a；风险：10^{-6}/a	/	/	剂量值对应高概率景象；风险值对应低概率景象
德国	个人剂量不超过 0.3 mSv/a	处置系统对乏燃料、玻璃固化体提供至少超过 100 万年的有效隔离能力	多重屏障：乏燃料、玻璃固化体、容器、膨润土、围岩等	安全论证时期为 100 万年；针对不同的发生概率定义个人剂量值（基于天然本底辐射的变化）
荷兰	正常演化：0.1 mSv/a	/	/	最优化目标：0.04 mSv/a
捷克	剂量：0.25 mSv/a	/	/	在安全分析中不考虑低于 10^{-6}/a 以下的事件

续表

国家或机构	基本指标	防护时间尺度	防护设计	保护对象
匈牙利	剂量：0.1 mSv/a；对于独立的破坏性事件，风险：10^{-5}/a	/	/	独立的破坏事件利用概率分析进行评价，并忽略发生概率在 10^{-7}/a 以下的事件
日本	/	处置系统应对玻璃固化体提供至少超过 1 万年的有效隔离能力	多重屏障：玻璃固化体、碳钢容器、膨润土、围岩等	人类，外包装被设计为至少 1 000 年完全阻止玻璃固化体废物与地下水接触，处置深度大于 300m

参考以上国际经验，将本次工作中高放废物深钻孔处置核素迁移所致剂量标准按保守考虑，确定为 0.1 mSv/a。

6.2.2 FEPs 清单建立

放射性废物处置潜在辐射影响评价的第一步是识别处置系统将来可能的状态（景象），以确定向环境释放的核素量，这是评价的起点和基础。IAEA 技术导则 SSG－23（The Safety Case and Safety Assessment for the Disposal of Radioactive Waste）对处置景象开发提出了要求，无论采用哪一种景象开发方法，在评价中都应当涵盖所有可能显著影响该处置系统性能的特征（Features）、事件（Events）和作用过程（Processes）。根据现有工程经验，处置工程关闭后的评价时间尺度可达千年乃至万年量级，将会发生多种事件和过程，将所有的特征、事件和过程组合起来将是非常庞大的，对所有可能景象进行评价是不现实和没有必要的，为了筛选出确实需要进行评价的景象，同时又能保证这些景象的全面性、代表性和综合性，需要建立与工程设计场址特点密切相关的 FEPs 清单并以此为基础开展评价景象的开发、识别筛选工作。

（1）深钻孔处置安全评价需考虑的特征有：

- 废物体，包括废物的核素组成、活度，废物固化材料及其他可能组件。
- 处置容器及其空隙，包括处置容器材料、结构设计以及内部的充填物等。
- 处置区部件，包括处置区回填材料、套管、桥塞等。
- 密封、回填材料，主要为处置区上部密封回填段的填充材料，如桥塞、膨润土、水泥、套管等。
- 处置围岩，包括处置孔围岩所在的地质单元，岩体的垂向、水平向分布特征，与其他岩体的交界面等，同时还包括施工过程中形成的围岩扰动区。
- 其他地质体，处置围岩外的沉积岩盖层、含水层、非饱和带等。

- 生物圈，主要为剂量计算目标群体及其迁移路径。
- 处置系统，其他可能影响处置性能的系统部件或结构。

（2）深钻孔处置安全评价需考虑的事件、过程有：

- 各部件性能，包括处置系统内需进行评价的各特征或组件性能，如围岩岩性等。
- 热学耦合过程，如热学－力学影响、热学－化学影响、热学－水力学影响等。
- 力学过程，包括影响钻孔稳定性的工程力学性质与围岩力学性质，如钻井破坏等。
- 水力学过程，包括入渗、径流等。
- 化学过程，包括化学环境的变化、材料劣化、工程屏障溶蚀等。
- 生物（微生物）过程，包括可能影响处置性能的微生物作用。
- 迁移过程，包括对流、扩散、弥散、吸附、胶结等。
- 辐射过程，包括离子照射、放射性核素衰变等。
- 长期地质演化，包括构造、火山活动等。
- 人类活动，包括人类对气候、地面环境的影响等。
- 其他进程，如剂量和转换、暴露途径等。
- 核临界事件，包括可能导致核临界事件发生的指标、活动等。
- 早期失效事件，指各部件在达到设计寿命之前的失效事件，如废物包破损、密封回填材料过早失效等。
- 地震事件，指可能导致处置孔位置出现断层等影响处置性能的地震事件。
- 火山爆发事件，指可能影响处置系能的火山爆发事件。
- 人类闯入事件，指短期人类活动造成的人类闯入。
- 其他事件，如气象影响、爆炸、撞击等。

深钻孔处置 FEPs 清单及初步筛选见表 6.2－2。

表 6.2－2 深钻孔处置 FEPs 清单与初步筛选

分类	描述	相关过程	初步筛选结果	说明
废物体特性	废物体特性	• 废物类型 • 几何尺寸 • 核素含量 • 非核素含量 • 材料与性能（初始条件，破坏溶蚀产物等） • 流体、胶体及特性（初始含水量、初始水化学条件等） • 流动、传导性能，如孔隙度、渗透性、扩散系数等 • 易燃物材料特性 废物体空间异质性		

续表

分类	描述	相关过程	初步筛选结果	说明
废物体热－力作用	废物体的力学及热－力影响	蠕变	×（可能性）	围岩为结晶岩
		释热导致的形态扩展、压力变化或裂隙	√	
		膨胀或溶蚀产物	×（影响）	废物体不会产生明显的溶蚀产物
		热传导	√	
		钻孔破碎造成的力学荷载	×（影响）	处置区套管可以提供保护
		废物体间的交互作用	包括	
废物体热－力作用	气体对废物体产生的力学影响	处置区压力增大	×（影响）	
		对废物体造成机械破坏	×（影响）	
		内部气体压力	×（影响）	
		由自然材料或易燃气体造成的压力增大	×（可能性）	没有易燃材料或火源
废物体水、热－水作用	废物体裂隙或孔隙内的压力驱动达西流	液体驱动水流	√	
		气体驱动水流	×（影响）	
		附加作用导致的水流	×（可能性）	
废物体水、热－水作用	废物体内的毛细作用导致的达西流	渗入作用	×（影响）	
		蒸发作用	×（可能性）	废物体处于饱水环境
		混合作用	×（可能性）	废物体处于饱水环境
		浸润区捕捉作用	×（可能性）	废物体处于饱水环境
废物体水、热－水作用	重力或密度导致的流动	由于（温度、盐度）密度变化导致的对流	√	
		液体的流入与流出	√（迟滞性）	来自于密封区水流

续表

分类	描述	相关过程	初步筛选结果	说明
废物体水、热－水作用	吸附导致的流动	非饱和区水流	×（可能性）	废物体处于饱水环境
		潮解性	×（可能性）	废物体处于饱水环境
		微小孔隙或裂隙中的固定水	×（可能性）	废物体处于饱水环境
废物体水、热－水作用	废物体混溶阶段的扩散或弥散	空气蒸发导致的扩散	×（可能性）	废物体处于饱水环境
		溶解气体导致的扩散	×（影响）	
废物体水、热－水作用	废物体孔隙内的非达西流	裂隙中的雷诺流	×（可能性）	
		裂隙流动中的溶蚀或沉淀	√	
		低渗透性基质中的传导流	×（影响）	
废物体水、热－水作用	废物体内的热驱动流	通过流体介质的对流与传导	√	
		由蒸发导致的对流与传导	×（可能性）	废物体处于饱水环境
		由温度导致的液体密度或黏度变化	√	
		形态变化	×（可能性）	废物体处于饱水环境
		释热导致的某些含水材料失水	×（影响）	
		天然矿物质影响	×（可能性）	废物体中不含天然矿物质
废物体化学、热－化作用	废物体的化学、热－化气体释放	金属或燃料棒溶蚀产生的 H_2 影响	×（影响）	
		天然矿物质的气体产生	×（可能性）	废物体中不含天然矿物质
		易燃气体产生	×（可能性）	无易燃材料
废物体化学、热－化作用	废物体中有机材料的化学、热－化劣化	塑料或橡胶制品劣化	×（可能性）	废物体中没有有机材料
废物体生物、热－生物作用	废物体中的微生物活动	微生物对溶蚀的影响	×（可能性）	
		络合作用的形成	×（可能性）	

续表

分类	描述	相关过程	初步筛选结果	说明
废物体生物、热－生物作用	废物体中的微生物活动	微生物胶体的形成	×（可能性）	
		生物过滤的形成	×（可能性）	
		生物降解作用	×（可能性）	
		生物体积产物	×（可能性）	
		生物应力	×（可能性）	
		生物降解生成的 CO_2、CH_4、H_2S	×（可能性）	
		硝化作用	×（可能性）	
		硫化作用	×（可能性）	
		甲烷生成	×（可能性）	
废物体生物、热－生物作用	释热对废物体微生物活动的影响	释热对废物体微生物活动的影响	×（可能性）	
废物体迁移、热－迁移作用	废物体液相中的溶解核素迁移	对流	√	
		弥散	√	
		扩散	√	
		基质扩散	×（影响）	
		络合作用	×（可能性）	废物体内无络合剂
		同位素稀释	√（迟滞性）	
		含水层稀释	√	
		核素溶解	√	
废物体迁移、热－迁移作用	废物体内溶解核素与固相间的交互作用	可逆/不可逆物理吸附	×（影响）	保守假设
		表面络合	×（影响）	保守假设
		离子交换	×（影响）	保守假设
		入渗/溶解	√	

续表

分类	描述	相关过程	初步筛选结果	说明
废物体迁移、热－迁移作用	与其他固定相态溶解核素的交互作用	可逆/不可逆物理吸附	×（影响）	保守假设
		有机络合物的相互影响	×（影响）	保守假设
		离子交换	×（影响）	保守假设
		入渗/溶解	×（影响）	保守假设
		气水分离作用	×（影响）	保守假设
废物体迁移、热－迁移作用	溶解核素的耦合作用影响	热扩散	×（影响）	与液态扩散相比可忽略不计
		热渗透	×（影响）	与液态对流相比可忽略不计
		处置容器内部热传导	√	
		其他热影响	×（影响）	废物体尺寸较小下影响可忽略不计
废物体迁移、热－迁移作用	气态核素迁移	对流	×（影响）	
		扩散	×（影响）	
废物体迁移、热－迁移作用	通过胶体的核素迁移	对流	√（迟滞性）	
		弥散	√（迟滞性）	
		扩散	√（迟滞性）	
		基质扩散	×（影响）	
		稳定性/絮结产物	×（影响）	保守假设
		过滤作用	×（影响）	保守假设
		稀释作用	√（迟滞性）	
废物体迁移、热－迁移作用	胶体与其他相态间的交互作用	可逆/不可逆物理吸附	×（可能性）	保守假设
		空气－液体交界面的吸附作用	×（可能性）	废物体处于饱水环境

续表

分类	描述	相关过程	初步筛选结果	说明
废物体热作用	废物体释热	核素衰变产生热量	√	
废物体热作用	废物体放热反应	混凝土水化作用	×（可能性）	废物体内无混凝土
		废物体氧化	×（影响）	
废物体辐射作用	放射性衰变与子核素产生	衰变链	√	
		衰变产物	√	
		中字活化	×（可能性）	废物体不产生中子
废物体辐射作用	废物体辐照分解	α 衰变产生 He	×（可能性）	废物体无 α 废物
		产生 H_2	×（影响）	
		水化学性质改变	√（迟滞性）	
废物体辐射作用	废物体辐照损伤	增加废物体劣化进程	√	
废物体气候影响	气候作用对废物体的影响	入渗率与温度变化	×（影响）	
		融化水	×（影响）	
废物体地震影响	地震活动对废物体的影响	通过钻井破坏、断层错位等使废物体产生机械损伤	×（影响）	
废物体火山活动影响	火山活动对废物体的影响	火山入侵造成的机械损伤	×（可能性）	
		化学反应	×（可能性）	
		核素在岩浆等中的迁移	×（可能性）	
处置容器特性	处置容器特性	● 处置容器类型 ● 在处置区的空间异质性 ● 重叠废物体		
处置容器力学、热－力作用	处置容器力学影响	钻井破坏导致的荷载	×（影响）	
		气体生成产生的压力	×（影响）	
		溶蚀产物发生的膨胀	√	
		裂缝	√	

续表

分类	描述	相关过程	初步筛选结果	说明
处置容器力学、热－力作用	热－力作用对处置容器的影响	热敏化作用/相态的改变	×（影响）	
		热扩张/热压/裂缝	√	
		热传导/热辐射	√	
		蠕变	×（可能性）	
		处置容器发生位移	×（影响）	
处置容器力学、热－力作用	热－力作用对处置容器内部组件产生的影响	裂缝	√	
		热扩张/热压/裂缝	√	
		溶蚀产物发生的膨胀	√	
		蠕变	×（可能性）	
处置容器力学、热－力作用	气体压力对处置容器的影响	处置区压力增加	×（影响）	
		处置容器机械损伤	×（影响）	
		内部气压增加	×（影响）	
		废物体产生的易燃气体	×（可能性）	
处置容器水、热－水作用	处置容器裂隙和多孔介质中的达西流	液相流动	√	
		气体驱动的液体流动	×（影响）	
		其他作用产生的液体流动（如碳氢作用）	×（可能性）	
处置容器水、热－水作用	毛细作用达西流	渗入作用	×（影响）	
		蒸发作用	×（可能性）	一旦处置容器破损，每部将充满水
		混合作用	×（可能性）	一旦处置容器破损，每部将充满水
		浸润区捕捉作用	×（可能性）	一旦处置容器破损，每部将充满水
处置容器水、热－水作用	重力或密度导致的流动	密度变化导致的流动	√	
		水的流入、流出	√（迟滞性）	来自密封区水流
		淋滤与蓄水	×（可能性）	一旦处置容器破损，每部将充满水

续表

分类	描述	相关过程	初步筛选结果	说明
处置容器水、热–水作用	吸附作用导致的流动	非饱和区水流	×（可能性）	一旦处置容器破损，每部将充满水
		潮解性	×（可能性）	一旦处置容器破损，每部将充满水
		微小孔隙或裂隙中的固定水	×（可能性）	一旦处置容器破损，每部将充满水
处置容器水、热–水作用	处置容器混溶阶段的扩散或弥散	空气蒸发导致的扩散	×（可能性）	一旦处置容器破损，每部将充满水
		溶解气体导致的扩散	×（影响）	
处置容器水、热–水作用	处置容器孔隙内的非达西流	裂隙中的雷诺流	×（可能性）	
		裂隙流动中的溶蚀或沉淀	√（迟滞性）	
		低渗透性基质中的传导流	×（可能性）	处置容器内无渗透性基质
处置容器水、热–水作用	处置容器内的热驱动流	通过流体介质的对流与传导	√	
		由蒸发导致的对流与传导	×（可能性）	一旦处置容器破损，每部将充满水
		由温度导致的液体密度或黏度变化	√	
		形态变化	×（可能性）	一旦处置容器破损，每部将充满水
		释热导致的某些含水材料失水	×（影响）	
		天然矿物质影响	×（可能性）	
处置容器化学、热–化作用	处置容器内部气体释放	金属溶蚀产生的 H_2	×（影响）	
		天然矿物质的气体产生	×（可能性）	
		易燃气体产生	×（可能性）	
处置容器化学、热–化作用	处置容器外部气体释放	金属厌氧溶蚀	×（影响）	
		金属有氧溶蚀	×（影响）	
		有机材料的热–化学劣化	×（影响）	
		易燃气体产生	×（可能性）	

续表

分类	描述	相关过程	初步筛选结果	说明
处置容器化学、热－化作用	处置容器溶蚀	干燥状态下的氧化	×（可能性）	处置容器位于饱水区
		潮湿状态下的氧化	×（可能性）	处置容器位于饱水区
		水中的溶蚀	√	
		薄膜的生成	×（影响）	
处置容器化学、热－化作用	处置容器的压力溶蚀	裂隙的产生与扩张	√	
		裂隙周围压力分布	√	
处置容器化学、热－化作用	处置容器集中溶蚀	点蚀	√	
		缝隙溶蚀	√	
		盐蚀	×（可能性）	处置容器位于饱水区
处置容器化学、热－化作用	内部溶蚀	破损前发生内部溶蚀	×（影响）	
处置容器化学、热－化作用	电化学影响	加速金属溶蚀	×（影响）	
处置容器化学、热－化作用	重叠区的化学交互作用	溶蚀产物的化学交互	×（影响）	
处置容器化学、热－化作用	水化学性质的演变	组分	√	
		演化/还原过程	√	
		溶解	√	
		渗入	√	
		胶体生成	√（迟滞性）	
		吸附影响	√	
		核素溶解	√	
		与废物体的热化学反应	√（迟滞性）	
		与容器产物的热化学反应	√（迟滞性）	
		与流入液体的热化学反应	√	
		与气相的交互作用	×（影响）	
		渗透力	×（影响）	

续表

分类	描述	相关过程	初步筛选结果	说明
处置容器生物、热－生物作用	处置容器内微生物活动	微生物对溶蚀的影响	×（可能性）	
		络合作用的形成	×（可能性）	
		微生物胶体的形成	×（可能性）	
		生物过滤的形成	×（可能性）	
		生物降解作用	×（可能性）	
		生物体积产物	×（可能性）	
		生物应力	×（可能性）	
		生物降解生成的 CO_2、CH_4、H_2S	×（可能性）	
		硝化作用	×（可能性）	
		硫化作用	×（可能性）	
		甲烷生成	×（可能性）	
处置容器生物、热－生物作用	释热对处置容器内微生物活动的影响	释热对处置容器内微生物活动的影响	×（可能性）	
处置容器迁移、热－迁移作用	处置容器内溶解核素的液态迁移	对流	√	
		弥散	√	
		扩散	√	
		基质扩散	×（影响）	
		络合作用	×（可能性）	处置容器或废物体中无络合剂
		同位素稀释	√（迟滞性）	
		含水层稀释	√	
		核素溶解	√	

续表

分类	描述	相关过程	初步筛选结果	说明
处置容器迁移、热－迁移作用	溶解核素与固相间的交互作用	可逆/不可逆物理吸附	×（影响）	保守假设
		表面络合	×（影响）	保守假设
		离子交换	×（影响）	保守假设
		入渗/溶解	√	
处置容器迁移、热－迁移作用	与其他固定相态溶解核素的交互作用	可逆/不可逆物理吸附	×（影响）	保守假设
		有机络合物的相互影响	×（影响）	保守假设
		离子交换	×（影响）	保守假设
		入渗/溶解	×（影响）	保守假设
		气水分离作用	×（影响）	保守假设
处置容器迁移、热－迁移作用	溶解核素的耦合作用影响	热扩散	×（影响）	
		热渗透	×（影响）	
		处置容器内部热传导	√	
		其他热影响	×（影响）	
处置容器迁移、热－迁移作用	核素气态迁移	对流	×（影响）	
		扩散	×（影响）	
处置容器迁移、热－迁移作用	胶体生成	内部胶体	√（迟滞性）	
		外部来源胶体	√（迟滞性）	
		胶体对核素的吸附	√（迟滞性）	
处置容器迁移、热－迁移作用	通过胶体的核素迁移	对流	√（迟滞性）	
		弥散	√（迟滞性）	

续表

分类	描述	相关过程	初步筛选结果	说明
处置容器迁移、热－迁移作用	通过胶体的核素迁移	扩散	√（迟滞性）	
		基质扩散	×（影响）	
		稳定性/絮结产物	×（影响）	保守假设
		过滤作用	×（影响）	保守假设
		稀释作用	√（迟滞性）	
处置容器迁移、热－迁移作用	胶体与其他相态间的交互作用	可逆/不可逆物理吸附	×（影响）	保守假设
		空气－液体交界面的吸附作用	×（可能性）	处置容器处于饱水区
处置容器热作用	处置容器内放热反应	混凝土水化作用	×（可能性）	
		废物包装间隙的反应	×（影响）	与废物释热相比可以忽略
处置容器热作用	处置容器热传导	对流	√	
		扩散	√	
		热辐射	×（影响）	与对流、扩散相比可以忽略
处置容器辐射影响	废物体辐照分解	α 衰变产生 He	×（可能性）	
		产生 H_2	×（影响）	
		水化学性质改变	√（迟滞性）	
处置容器辐射影响	处置容器辐射损伤	加速处置容器劣化	√	
处置容器辐射影响	处置容器微观转化	辐射导致的微观变化	×（可能性）	
处置容器气候影响	气候对容器影响	入渗率与温度	×（影响）	
		融化水	×（影响）	
处置容器核临界	发生核临界	发生核临界	×（可能性）	

续表

分类	描述	相关过程	初步筛选结果	说明
处置容器早期失效	处置容器早期失效	制造缺陷	√（迟滞性）	
		错误焊接	√（迟滞性）	
		位置错误	√（迟滞性）	包括在处置区上方卡阻
处置容器地震影响	地震活动对处置容器的影响	机械损伤	×（影响）	
处置容器火山活动影响	火山活动对废物体的影响	火山入侵造成的机械损伤	×（可能性）	
		化学反应	×（可能性）	
		核素在岩浆等中的迁移	×（可能性）	
处置容器人类活动影响	人类入侵影响	钻探	√（迟滞性）	
		采矿	√（迟滞性）	
		常规场址调查	×（影响）	埋深使得影响不大
处置区部件特性	处置区部件设计与特性	● 几何尺寸 ● 组件 ● 材料与性质 ● 流动性与核素迁移性		
处置区部件力学、热－力作用	碎石掉落	孔壁岩石掉落	×（影响）	套管可起到保护作用
		底板弯曲	×（可能性）	深钻孔处置设计不考虑底板
处置区部件力学、热－力作用	钻井变形/塌孔	钻井破坏造成的压力荷载	×（影响）	套管可提供相关保护
		渗流改变	√（迟滞性）	
		流动路径改变	√（迟滞性）	
		热环境改变	√（迟滞性）	
处置区部件化学、热－化学作用	电化学影响	加速金属溶蚀	×（影响）	

续表

分类	描述	相关过程	初步筛选结果	说明
处置区部件化学、热－化学作用	钻孔破坏后的水化学演化	水化学性质变化并与处置区部件相接触	√（迟滞性）	
		废物与围岩接触产生的水化学反应及对流体密度的影响	√（迟滞性）	
		处置区部件与围岩接触产生的水化学反应及对流体密度的影响	√（迟滞性）	
		化学反应对流体密度的影响	√（迟滞性）	
处置区部件生物、热－生物作用	处置区部件微生物活动	微生物对溶蚀的影响	×（可能性）	
		络合作用的形成	×（可能性）	
		微生物胶体的形成	×（可能性）	
		生物过滤的形成	×（可能性）	
		生物降解作用	×（可能性）	
		生物体积产物	×（可能性）	
		生物应力	×（可能性）	
		生物降解生成的 CO_2、CH_4、H_2S	×（可能性）	
		硝化作用	×（可能性）	
		硫化作用	×（可能性）	
		甲烷生成	×（可能性）	
处置区部件生物、热－生物作用	释热对微生物活动的影响	释热对微生物活动的影响	×（可能性）	
处置区部件迁移、热－迁移作用	溶解核素在处置区部件中的液态迁移	对流	√	
		弥散	√	
		扩散	√	
		基质扩散	×（影响）	

续表

分类	描述	相关过程	初步筛选结果	说明
处置区部件迁移、热－迁移作用	溶解核素在处置区部件中的液态迁移	稳定性/絮结产物	×（影响）	
		过滤作用	√（迟滞性）	
		稀释作用	√	
		核素溶解	√	
处置区部件迁移、热－迁移作用	溶解核素与固相间的交互反应	可逆/不可逆物理吸附	√（迟滞性）	
		表面络合	√（迟滞性）	
		离子交换	包括（迟滞性）	
		入渗/溶解	包括	
处置区部件迁移、热－迁移	与其他固定相态溶解核素的交互作用	可逆/不可逆物理吸附	√（迟滞性）	
		有机络合物的相互影响	√（迟滞性）	
		离子交换	√（迟滞性）	
		入渗/溶解	√（迟滞性）	
		气水分离作用	√（迟滞性）	
处置区部件迁移、热－迁移	溶解核素迁移的热耦合过程	热扩散	×（影响）	
		热渗透	×（影响）	
		与相邻组件及基岩间的热传导	√	
		其他热作用	×（影响）	
处置区部件迁移、热－迁移	核素气态形式的迁移	对流	×（影响）	
		扩散	×（影响）	
处置区部件迁移、热－迁移	胶体的生成	内部胶体	√（迟滞性）	
		外部来源胶体	√（迟滞性）	
		胶体对核素的吸附	√（迟滞性）	

续表

分类	描述	相关过程	初步筛选结果	说明
处置区部件迁移、热–迁移	通过胶体的核素迁移	对流	√（迟滞性）	
		弥散	√（迟滞性）	
		扩散	√（迟滞性）	
		基质扩散	排除（影响）	
		稳定性/絮结产物	√（迟滞性）	
		过滤作用	√（迟滞性）	
		稀释作用	√（迟滞性）	
处置区部件迁移、热–迁移	胶体与其他相态间的交互作用	可逆/不可逆物理吸附	√（迟滞性）	
		空气–液体交界面的吸附作用	×（可能性）	处于饱水区域
处置区部件热作用	放热反应	混凝土水化热	×（可能性）	混凝土水化热在处置阶段已经完成，关闭后不存在此问题
处置区部件热作用	钻井破坏对热环境影响	热活化层	√（迟滞性）	
		热压缩	×（可能性）	
		对温度及湿度的改变	√（迟滞性）	
		传导	包括	
		对流	包括	
		热辐射	×（影响）	
处置区部件辐射影响	处置区部件辐射损伤	处置区部件辐射损伤的增加（套管及废物支撑装置）	×（影响）	
处置区部件辐射影响	微观结构的辐射转化	微观结构的辐射转化	×（可能性）	
处置区部件气候影响	气候对部件的影响	入渗与温度	×（影响）	处置深度大、影响微弱
		融化水	×（影响）	处置深度大、影响微弱

续表

分类	描述	相关过程	初步筛选结果	说明
处置区部件核临界	发生核临界	发生核临界	×（可能性）	
处置区部件早期失效	处置区部件早期失效	不正确施工	√（迟滞性）	
		错误位置	√（迟滞性）	
处置区部件地震影响	处置区部件地震影响	造成机械损伤	×（影响）	套管可提供保护
处置区部件火山活动影响	处置区部件火山活动影响	火山入侵造成的机械损伤	×（可能性）	
		化学反应	×（可能性）	
		核素在岩浆等中的迁移	×（可能性）	
处置区部件人类活动影响	人类入侵	钻探	√（迟滞性）	
		采矿	√（迟滞性）	
		常规场址调查	×（影响）	埋深使得影响不大
密封回填材料	密封回填材料设计与特性	● 几何尺寸 ● 材料与性质 ● 流体、胶体及性质 ● 流动性与核素迁移性		
密封回填材料水、热－水作用	裂隙与孔隙中的压力驱动达西流	液相流动	√	
		气体驱动的液体流动	×（影响）	
		其他作用产生的液体流动（如碳氢作用）	×（可能性）	
		裂隙与基质间的非平衡压力驱动	×（影响）	
密封回填材料水、热－水作用	毛细作用达西流	渗入作用	×（影响）	
		蒸发作用	×（可能性）	处于饱水区
		混合作用	×（可能性）	处于饱水区
		浸润区捕捉作用	×（可能性）	处于饱水区

续表

分类	描述	相关过程	初步筛选结果	说明
密封回填材料 水、热－水作用	重力或密度导致的流动	密度变化导致的流动	√	
		水的流入、流出	包括 （迟滞性）	
密封回填材料 水、热－水作用	吸附作用导致的流动	淋滤与蓄水	× （可能性）	处于饱水区
		非饱和区水流	× （可能性）	处于饱水区
		潮解性	× （可能性）	处于饱水区
密封回填材料 水、热－水作用	混溶阶段的扩散或弥散	空气蒸发导致的扩散	× （可能性）	处于饱水区
		溶解气体导致的扩散	× （影响）	
密封回填材料 水、热－水作用	孔隙、裂隙内的非达西流	裂隙中的雷诺流	× （可能性）	
		裂隙流动中的溶蚀或沉淀	√	
		低渗透性基质中的传导流	× （可能性）	
密封回填材料 水、热－水作用	密封回填材料内的热驱动流	通过流体介质的对流与传导	包括	
		由蒸发导致的对流与传导	× （可能性）	处于饱水区
		由温度导致的液体密度或黏度变化	√	
		形态变化	× （可能性）	处于饱水区
		释热导致的某些含水材料失水	× （影响）	
		流体内物质的生成与迁移	× （影响）	流体内物质含量极低
密封回填材料 生物、热－生物作用	微生物活动	微生物对溶蚀的影响	√ （迟滞性）	
		络合作用的形成	√ （迟滞性）	
		微生物胶体的形成	√ （迟滞性）	
		生物过滤的形成	√ （迟滞性）	
		生物降解作用	√ （迟滞性）	

续表

分类	描述	相关过程	初步筛选结果	说明
密封回填材料生物、热－生物作用	微生物活动	生物体积产物	√（迟滞性）	
		生物应力	√（迟滞性）	
		生物降解生成的 CO_2、CH_4、H_2S	√（迟滞性）	
		硝化作用	√（迟滞性）	
		硫化作用	√（迟滞性）	
		甲烷生成	√（迟滞性）	
密封回填材料生物、热－生物作用	释热对微生物活动的影响	释热对微生物活动的影响	√（迟滞性）	
密封回填材料迁移、热－热迁移作用	溶解核素在处置区部件中的液态迁移	对流	√	
		弥散	√	
		扩散	√	
		基质扩散	×（影响）	
		稳定性/絮结产物	×（影响）	
		过滤作用	√（迟滞性）	
		稀释作用	√	
		核素溶解	√	
密封回填材料迁移、热－热迁移作用	溶解核素与固相间的交互反应	可逆/不可逆物理吸附	√	
		表面络合	√	
		离子交换	√	
		入渗/溶解	√	
密封回填材料迁移、热－热迁移作用	与其他固定相态溶解核素的交互作用	可逆/不可逆物理吸附	√（迟滞性）	
		有机络合物的相互影响	√（迟滞性）	
		离子交换	√（迟滞性）	
		入渗/溶解	√（迟滞性）	
		气水分离作用	√（迟滞性）	

续表

分类	描述	相关过程	初步筛选结果	说明
密封回填材料迁移、热－热迁移作用	溶解核素迁移的热耦合过程	热扩散	×（影响）	
		热渗透	×（影响）	
		与相邻组件及基岩间的热传导	×（可能性）	
		其他热作用	×（影响）	
密封回填材料迁移、热－热迁移作用	核素气态形式的迁移	对流	×（影响）	
		扩散	×（影响）	
密封回填材料迁移、热－热迁移作用	胶体的生成	内部胶体	√（迟滞性）	
		外部来源胶体	√（迟滞性）	
		胶体对核素的吸附	√（迟滞性）	
密封回填材料迁移、热－热迁移作用	通过胶体的核素迁移	对流	√（迟滞性）	
		弥散	√（迟滞性）	
		扩散	√（迟滞性）	
		基质扩散	×（影响）	
		稳定性/絮结产物	√（迟滞性）	
		过滤作用	√（迟滞性）	
		稀释作用	√（迟滞性）	
密封回填材料迁移、热－热迁移作用	胶体与其他相态间的交互作用	可逆/不可逆物理吸附	√（迟滞性）	
		空气－液体交界面的吸附作用	×（可能性）	处于饱水区域
密封回填材料热作用	放热反应	混凝土水化热	×（可能性）	混凝土水化热在处置阶段已经完成，关闭后不存在此问题
密封回填材料辐射影响	辐照分解	α 衰变产生 He	×（可能性）	

续表

分类	描述	相关过程	初步筛选结果	说明
密封回填材料辐射影响	辐照分解	产生 H_2	×（影响）	
		水化学性质改变	×（影响）	
密封回填材料辐射影响	辐照损伤	加速密封回填材料劣化	×（影响）	
密封回填材料气候影响	气候作用影响	入渗量与温度变化	√（迟滞性）	主要发生在浅部地区
		融化水	√（迟滞性）	主要发生在浅部地区
		冰川侵蚀	√（迟滞性）	主要发生在浅部地区
密封回填材料核临界	发生核临界	发生核临界	×（可能性）	
密封回填材料地震影响	地震作用影响	造成机械损伤	√（迟滞性）	
密封回填材料早期失效	密封回填材料早期失效	位置错误	√（迟滞性）	
		不正确施工	√（迟滞性）	
密封回填材料火山活动影响	火山活动影响	火山入侵造成的机械损伤	×（可能性）	
		化学反应	×（可能性）	
		核素在岩浆等中的迁移	×（可能性）	
密封回填材料人类活动影响	人类入侵	钻探	√（迟滞性）	
		采矿	√（迟滞性）	
		常规场址调查	×（影响）	埋深使得影响不大
处置围岩	围岩地层及地下水特性	• 地层分布 • 构造特征 • 岩性 • 地下水条件 • 地下水化学 • 地下水中络合作用		
处置围岩水、热－水作用	地下水补给影响	降雨入渗	×（影响）	上覆沉积岩的降雨入渗不会对基岩产生显著影响
		地下水水位变化	×（影响）	沉积层地下水位变化不会对基岩产生显著影响

续表

分类	描述	相关过程	初步筛选结果	说明
处置围岩化学、热－化学作用	围岩中热化学反应气体生成	脱气作用	×（可能性）	深部储气层一般分布于海洋地区
		有机材料的热化学降解	×（影响）	
处置围岩生物、热－生物作用	微生物活动	微生物对溶蚀的影响	√（迟滞性）	
		络合作用的形成	√（迟滞性）	
		微生物胶体的形成	√（迟滞性）	
		生物过滤的形成	√（迟滞性）	
		生物降解作用	√（迟滞性）	
		生物体积产物	√（迟滞性）	
		生物应力	√（迟滞性）	
		生物降解生成的 CO_2、CH_4、H_2S	√（迟滞性）	
		硝化作用	√（迟滞性）	
		硫化作用	√（迟滞性）	
		甲烷生成	√（迟滞性）	
处置围岩生物、热－生物作用	释热对微生物活动的影响	释热对微生物活动的影响	√（迟滞性）	
处置围岩长期地质作用	大尺度地震活动	升降作用	×（可能性）	
		褶皱	×（可能性）	
处置围岩长期地质作用	沉降作用	沉降对钻井完整性及处置性能的影响	×（影响）	处置区深度较大，影响微弱
处置围岩长期地质作用	成岩作用	自然作用下的矿物改变	×（可能性）	
处置围岩长期地质作用	底辟作用	荷载作用下的岩体塑性流动	×（影响）	结晶岩中不明显
		蠕变	×（可能性）	结晶岩中不明显
		黏土介质的变形	×（可能性）	结晶岩中不明显

续表

分类	描述	相关过程	初步筛选结果	说明
处置围岩长期地质作用	围岩变形	天然地热或压力作用下的变形	×（可能性）	
处置围岩长期地质作用	大规模溶解	在地质时间尺度上的围岩改变	×（影响）	结晶岩中不明显
处置围岩气候影响	冰期作用影响	入渗量与温度改变	×（影响）	埋深较大，影响小
		冻土	×（影响）	埋深较大，影响小
		季节性冻融	×（影响）	埋深较大，影响小
处置围岩气候影响	冰川影响	冰川	×（影响）	埋深较大，影响小
		冰川侵蚀	×（影响）	埋深较大，影响小
		冰川消融	×（影响）	埋深较大，影响小
		融化水	×（影响）	埋深较大，影响小
处置围岩核临界	远场发生核临界	远场发生核临界	×（可能性）	
处置围岩地震影响	地震活动影响	改变地下水径流途径与性质	√（迟滞性）	
		改变地层压力分布	√（迟滞性）	
处置围岩火山活动影响	处置围岩火山活动影响	改变地下水径流途径与性质	×（可能性）	
		改变地层压力分布	×（可能性）	
		火山入侵	×（可能性）	
		改变热、化学环境	×（可能性）	
处置围岩人类入侵影响	人类入侵	钻探	√（迟滞性）	
		采矿	√（迟滞性）	
		常规场址调查	×（影响）	

续表

分类	描述	相关过程	初步筛选结果	说明
上覆沉积盖层	地层及地下水条件	• 地层分布 • 构造特征 • 岩性 • 地下水条件 • 地下水化学 • 地下水中络合作用		
上覆沉积盖层水、热－水作用	影响地层补给	降雨入渗	√（迟滞性）	
		地下水水位变化	√（迟滞性）	
上覆沉积盖层化学、热－化学作用	热化学反应气体生成	脱气作用	×（可能性）	深部储气层一般分布于海洋地区
		有机材料的热化学降解	√（迟滞性）	
上覆沉积盖层长期地质作用	大尺度地震活动	升降作用	×（可能性）	
		褶皱	×（可能性）	
上覆沉积盖层长期地质作用	沉降作用	沉降影响完整性与处置性能	×（影响）	
上覆沉积盖层长期地质作	变质作用	自然低温与压力作用下的结构改变	×（可能性）	
上覆沉积盖层长期地质作用	成岩作用	自然作用下的矿物改变	×（影响）	
上覆沉积盖层长期地质作用	底辟作用	荷载作用下的岩体塑性流动	×（影响）	
		蠕变	×（可能性）	
		黏土介质的变形	×（可能性）	
上覆沉积盖层长期地质作用	大规模溶解	在地质时间尺度上的围岩改变	×（影响）	
上覆沉积盖层人类活动影响	人类活动对气候的印象概念股	改变降雨入渗与温度	√（迟滞性）	对浅层影响较大
上覆沉积盖层地震影响	地震活动影响	改变地下水径流途径与性质	√（迟滞性）	
		改变地层压力分布	√（迟滞性）	

续表

分类	描述	相关过程	初步筛选结果	说明
上覆沉积盖层火山活动影响	火山活动影响	改变地下水径流途径与性质	×（可能性）	
		改变地层压力分布	×（可能性）	
		火山入侵	×（可能性）	
		改变热、化学环境	×（可能性）	
上覆沉积盖层人类入侵影响	人类入侵	钻探	√（迟滞性）	
		采矿	√（迟滞性）	
		常规场址调查	×（影响）	不具有入侵性与破坏性
生物圈				
生物圈生物、热－生物作用	微生物活动影响	影响生物圈特性	√（迟滞性）	
		影响生物圈迁移路径	√（迟滞性）	
生物圈热影响	生物圈热影响	生物圈热影响	×（影响）	处置深度大，废物释热不会影响到生物圈
生物圈辐射影响	核素在生物圈中的改变	改变物理、化学特性	×（可能性）	
		同位素稀释	√（迟滞性）	
生物圈气候影响	冰期影响	降雨与温度变化	√（迟滞性）	
		冻土	√（迟滞性）	
		季节性冻融	√（迟滞性）	
生物圈气候影响	冰川影响	冰川	√（迟滞性）	
		冰川侵蚀	√（迟滞性）	
		冰川消融	√（迟滞性）	
		融化水	√（迟滞性）	

续表

分类	描述	相关过程	初步筛选结果	说明
生物圈气候影响	气候变化	长期变化如海平面、降雨	√（迟滞性）	
		短期内区域变化	√（迟滞性）	
		季节性变化	√（迟滞性）	
生物圈人类活动影响	人类活动影响	降雨及温度变化	√（迟滞性）	
		全球或区域影响	√（迟滞性）	
		温室气体排放、臭氧产生等	√（迟滞性）	
生物圈其他作用	照射剂量	剂量转换率	√（迟滞性）	
		剂量转换系数	√（迟滞性）	
生物圈地震活动影响	地震活动影响	改变人类活动	√（迟滞性）	
		改变地面特征	√（迟滞性）	
		改变地表迁移路径	√（迟滞性）	
		改变补给区	√（迟滞性）	
生物圈火山作用影响	火山活动影响	改变人类活动	√（迟滞性）	
		改变地面特征	√（迟滞性）	
		改变地表迁移路径	√（迟滞性）	
		改变补给区	√（迟滞性）	
		火山灰沉积	√（迟滞性）	

续表

分类	描述	相关过程	初步筛选结果	说明
处置系统	评价方法、设计、质量控制、场址管控	• 评价时间、空间尺度 • 评价模型与数据 • 审管要求 • 可回取性 • 钻井布置 • 废物放置方式 • 处置区回填设计 • 密封设计 • 处置容器放置位移偏差 • 回填材料放置偏差 • 不正确的建设施工 • 未完全关闭 • 材料失效 • 管控活动 • 记录保存 • 被动安全		
处置系统力、热－力作用	施工、运行期的力学作用（处置区、密封回填区、围岩）	围岩扰动区的产生	包括	
		压力释放	包括	
		爆破影响	包括	
		围岩固结效应	× （可能性）	
		意外事件	× （影响）	应对具有显著影响的意外事故制定预防措施
		增加的地下水流动	包括	
处置系统水、热－水作用	施工、运行期的力学作用（处置区、密封回填区、围岩）	洪水	× （影响）	应确保无洪水影响
		排水	× （可能性）	无排水需要
		意外事件	× （影响）	应对具有显著影响的意外事故制定预防措施
处置系统水、热－水作用	未封闭钻孔	前期勘查孔	× （影响）	勘查孔应与确保与处置孔不发生位置交差
		监测孔	× （影响）	监测孔应与确保与处置孔不发生位置交差

续表

分类	描述	相关过程	初步筛选结果	说明
处置系统化学、热－化学作用	施工、运行期的化学作用（处置区、密封回填区、围岩）	施工用水组分	×（影响）	应对具有显著影响的要素制定预防措施
		用水化学性质与地下水性质差别	×（影响）	应对具有显著影响的要素制定预防措施
		不利矿物质残留	×（影响）	应对具有显著影响的要素制定预防措施
		意外事件	×（影响）	应对具有显著影响的要素制定预防措施
处置系统短期人类活动影响	人类活动造成的爆炸冲击	战争	×（影响）	处置深度大、可避免显著影响
		故意破坏	×（审管要求）	
		试验	×（审管要求）	
		资源开采	包括（迟滞性）	
		飞机撞击	×（影响）	处置深度大、可避免显著影响
处置系统其他影响	陨星影响	撞击、围岩移动	×（影响）	仅对浅层影响较大
		废物带出地表	×（影响）	处置深度大，可避免显著影响
		改变径流途径	×（影响）	仅对浅层影响较大
处置系统其他影响	宇宙事件	超新星	×（影响）	
		天体活动	×（影响）	
		外星人入侵	×（影响）	
处置系统其他影响	地球特性改变	地球磁场改变	×（影响）	
		地球重力场改变	×（影响）	
		洋流特征改变	×（影响）	

6.2.3 景象分析

根据初步 FEPs 分析结果，深钻孔处置可能导致的放射性核素释出迁移至地表生物圈的途径有：① 因地质构造活动、火山喷发、人类入侵行为导致的处置废物带出地表（处置深度埋深大、可能性小）；② 通过钻孔内部垂直向上迁移进入地表生物圈；③ 进入围岩含水层中，通过地下水迁移进入地表生物圈（深部地下水具有高盐度、密度分层效果，可有效限制地下水的垂直向上流动），故核素通过处置孔的垂直向上迁移应是深钻孔处置可能导致辐射影响最主要途径，对其讨论如下：

（1）通过处置孔密封回填材料的向上迁移

目前提出的深钻孔处置容器设计要求为满足容器放置与回填过程中的完成性，而对回填后的容器功能无特殊要求，因此可以假设处置孔关闭后处置容器即立刻失效，废物处置区段孔内的垂向渗透系数相对较大。但在密封回填段，膨润土等密封回填材料将会保持其设计性能，具有较小的渗透性并有效阻滞核素，可能导致核素垂直向上迁移的可能驱动力有废物体释热引起的钻孔内水流流动，处置孔顶部抽水产生的驱动力。

（2）通过处置孔围岩扰动区的向上迁移

处置孔施工过程中会对处置孔围岩产生一定扰动，形成一些微小裂隙成为核素向上迁移潜在通道，在沉积盖层段产生的扰动裂隙相对大于处置围岩段裂隙，在固井（注水泥浆）与密封回填材料维持有效且得到设计要求的条件下，可对围岩扰动区裂隙进行封堵并减少裂隙影响。

综上所述，确定深钻孔安全评价的基本评价景象为在处置孔上方打井抽水及处置区废物释热引起的热驱水共同作用下，放射性核素由处置区垂直向上迁移进入水井，人类直接饮用井水导致的潜在辐射照射（图 6.2－1）。

出于保守考虑对具体条件概化如下：

● 处置孔关闭后，不考虑处置容器对废物体的包容作用，废物体中核素立即达到溶解平衡状态，溶解度取决于处置区的热学、水化学条件；

● 有废物体释热导致的核素迁移最大距离为 1 000 m，热驱水流动主要发生在处置孔关闭后的 200 年内，热驱水流速取 0.017 m/a；

● 由热驱水在处置区上段 1 000 m 处形成的核素污染源主要由于抽水作用继续迁移 2 000 m 进入地表生物圈；

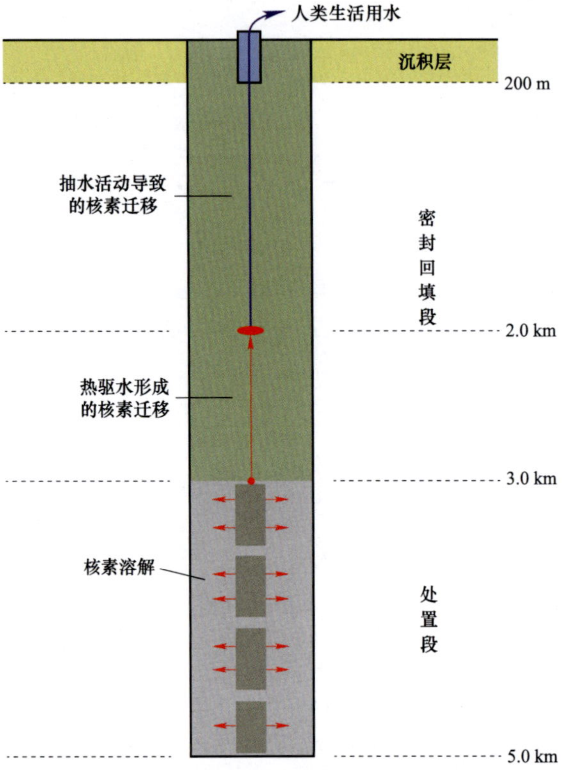

图 6.2－1　深钻孔处置核素迁移路径概化

- 核素进入抽水井的稀释因子为 3.16×10^{7}，井中最大核素浓度出现在抽水后的 8 000 年。

6.2.4　核素迁移计算

6.2.4.1　计算公式

其中对于核素在热驱水作用下处置区上方 1 000 m 处的核素浓度，主要基于一维连续污染源溶质迁移公式进行计算（公式 6－3），考虑对流、弥散作用、吸附作用及核素自身的衰变。

$$C(x,t)=\left(\frac{C_0}{2}\right)\times\exp\left\{[x/2a_{\mathrm{x}}]\left[1-\left(1+4\frac{\lambda a_{\mathrm{x}}}{V_{\mathrm{c}}}\right)^{\frac{1}{2}}\right]\right\}\times\left\{\left[x-V_{\mathrm{c}}t\left(1+4\frac{\lambda a_{\mathrm{x}}}{V_{\mathrm{c}}}\right)^{1/2}\right]/[2(a_{\mathrm{x}}V_{\mathrm{c}}t)^{1/2}]\right\} \tag{6-3}$$

其中：

$$V_{\mathrm{c}}=V/R_{\mathrm{f}} \tag{6-4}$$

$$R_f = 1 + (\rho_b k_d) / n \tag{6-5}$$

式中：

C_0：废物源初始浓度（mg/L）；

V_c：溶解核素迁移速度（m/a）；

V：孔隙中水流流速（m/a）；

R_f：阻滞因子（无量纲）；

k_d：分配系数（L/g）；

n：孔隙度（无量纲）；

ρ_b：钻孔密封材料体积密度（kg/m^3）；

a_x：纵向弥散度（m）；

λ：衰变常数（a^{-1}）。

人类饮水导致的个人辐射剂量计算见公式6-6。

$$D_{W,P} = Q\sum\nolimits_I C_i F_i \tag{6-6}$$

式中：

$D_{W,P}$——饮用井水所致个人剂量（Sv/a）；

Q——饮水量，成人取0.73 m^3/a；

C_i——井水中核素i的浓度（Bq/m^3）；

F_i——核素i的食入剂量转换因子（Sv/Bq）。

6.2.4.2 参数取值

（1）废物源项

参照瑞典SKB安全评价中乏燃料源项数据[57]作为本次深钻孔处置计算输入源项，见表6.2-3。

表6.2-3 废物源项特征

核素	半衰期/a	衰变常数λ/a^{-1}	初始含量/Bq	溶解限值/（mg/L）
C-14	5.73E+03	1.21E-04	3.67E+13	2.60E+84
Cl-36	3.01E+05	2.30E-06	3.96E+11	3.87E+86
Cs-135	2.30E+06	3.01E-07	1.51E+13	9.56E+87
I-129	1.57E+07	4.41E-08	9.72E+11	6.29E+88
Ni-59	7.54×10^4	9.19×10^{-6}	6.95E+13	1.60E+86

续表

核素	半衰期/a	衰变常数λ/a^{-1}	初始含量/Bq	溶解限值/（mg/L）
Pu－239	2.41E＋04	2.88E－05	6.91E＋15	6.16E－07
Ra－226	1.60E＋03	4.33E－04	1.04E＋08	2.52E－05
Se－79	1.13E＋06	6.13E－07	1.18E＋11	8.80E－08
Th－230	7.70E＋04	9.00E－06	1.18E＋10	1.12E－07
U－234	2.45E＋05	2.83E－06	3.50E＋13	1.17E－05
U－238	4.47E＋09	1.55E－10	8.64E＋12	1.15E－05

（2）密封回填材料参数取值

假设密封回填段为膨润土材料，孔隙度为0.034，体积密度1 200 kg/m^3，孔隙中水流流速$v = \dfrac{0.017\ \text{m/a}}{0.034} = 0.5\ \text{m/a}$。

（3）核素分配系数

根据经验数据，各核素在膨润土中的分配系数及对应的阻滞因子如表6.2－4所示。

表6.2－4 核素分配系数取值

核素	分配系数k_d/（L/g）	阻滞因子R_f
C－14	0	1.00E＋00
Cl－36	0	1.00E＋00
Cs－135	0.05	1.77E＋03
I－129	0	1.00E＋00
Ni－59	0.1	3.53E＋03
Pu－239	3	1.06E＋05
Ra－226	0.01	3.54E＋02
Se－79	0.003	1.07E＋02
Th－230	3	1.06E＋05
U－234	1	3.53E＋04
U－238	1	3.53E＋04

(4) 食入剂量转换因子

各核素食入剂量转换因子取值参照《电离辐射防护与辐射源安全基本标准》(GB 18871—2002) 进行确定，见表 6.2-5。

表 6.2-5 核素食入剂量转换因子

核素	成人食入剂量转换因子值/(Sv/Bq)
^{14}C	5.8E-10
^{36}Cl	9.3E-10
^{135}Cs	2.0E-09
^{129}I	1.1E-07
^{59}Ni	6.3E-11
^{239}Pu	2.5E-07
^{226}Ra	2.8E-07
^{79}Se	2.9E-09
^{230}Th	2.1E-07
^{234}U	5.6E-08
^{238}U	4.5E-08

6.2.4.3 计算结果分析

核素迁移计算结果见表 6.2-6。

表 6.2-6 个人所致照射剂量计算结果

核素	处置区上段 1 000 m 处核素浓度/(mg/L)	人类饮水所致个人剂量/(mSv/a)
^{14}C	4.91 E-263	2.53 E-262
^{36}Cl	3.54 E-08	1.96 E-09
^{135}Cs	0.00 E+00	0.00 E+00
^{129}I	1.12 E+00	4.50 E-02
^{59}Ni	0.00E+00	0.00E+00
^{239}Pu	0.00E+00	0.00E+00
^{226}Ra	0.00E+00	0.00E+00

续表

核素	处置区上段 1 000 m 处核素浓度/（mg/L）	人类饮水所致个人剂量/（mSv/a）
^{79}Se	1.00E－147	2.31E－149
^{230}Th	0.00E＋00	0.00E＋00
^{234}U	0.00E＋00	0.00E＋00
^{238}U	1.02E－14	3.49E－19
总剂量		4.50E－02

由初步计算结果可知，在该评价景象下，深钻孔处置所致最大个人剂量为0.045 mSv/a，最大剂量出现在处置孔关闭后的 8 200 年，导致照射剂量的核素主要为I－129，其他核素则已经衰减到可忽略水平，评级结果低于目标 0.1 mSv/a。

7

深钻孔处置成本与进度分析

按照不宜进行后处理的乏燃料为处置对象进行深钻孔处置成本估算，分析内容涵盖：研发费用；地表设施费用；钻井、套管和钻井完井；废物容器和装载；废物容器放置；钻井密封；监测费用；退役费用；项目管理费用等九大部分，而未考虑废物的运输费用。

7.1 研发费用

在深钻孔处置领域，其研发成本主要由以下项目组成：（1）开展战略规划、法规和标准的研究工作；（2）选址和场址评价；（3）示范项目（科研钻探）和处置库的概念设计；（4）核素迁移评价；（5）安全评价和环境影响评价；（6）示范工程建设；（7）依托示范项目研究成果而开展的场址选定和处置库设计的工作等。目前，世界各国研发费用占处置库总成本的比例范围约为 11.4%～17.0%，主要国家的研发费用情况如下：

美国：83.30 亿美元，折算人民币为 520.6 亿元（2007 年数据）；

瑞典：77 亿克朗（9 亿美元，折算人民币为 56.25 亿元，2001 年数据）；

日本：3 380 亿日元（28.20 亿美元，折算人民币为 176.25 亿元，2001 年数据）。

据我国 2009 年 6 月发布的《高放废物地质处置总体规划》，本次工作暂定工程研发所需的费用为 100 亿人民币。另外，此研发费用平均至单个钻井所需费用取决于处置的废物量的大小，处置的废物量越大，所需的钻孔越多，则相应的单个钻孔的研发费用越低；反之，处置的废物量越小，所需的钻孔越多，则相应的单个钻孔所需的研发费用越高。本次假设所需处置的废物量需要 1 000 个钻孔，则对应的每个钻孔的研发费用为 1 000 万元人民币。

7.2 地表设施费用

地表设施指地上的设施及设备，其主要功能是废物的转运和相关的辅助公用设施。不同处置库的地上设施功能相似，其规模主要与废物的转运安全设计标准等有关，而与处置库规模没有必然直接的关系。深钻孔处置库所需的地表设施主要由以下四个设施组成：

（1）废物接收区域

接收区域指用于放射性废物接收、检查与暂存等建设的基础设施，其主要包括：废物接收设施；放射性检查、监测设施；起重装卸设备；废物暂存库等。

（2）公用设施区域

公用设施指处置场营运者修建的供场内工作人员和参观的公众所需的基础设施，其主要括：供水系统；配电系统；通信系统；采暖、通风、空调系统等；消防设施；行政管理建筑物；仓库、车库；围栏等。

（3）参观中心

参观中心指用于增强公众信心、提高处置库示范效果而建设的公众信息中心，其为处置库的对外接待点，可接待国内外政府人员、科学技术人员、媒体人员、一般公众等。

（4）岩心处置区

岩心处置区用于处理钻井过程中产生的岩心、废渣等生产废物。

本次工作参考美国和日本两国的情况进行分析发现，对于处置库地上设施费用大体相当，而与处置库规模没有必然的联系。通过参考以上两个国家的地表设施处置费用，在本次深钻孔处置前期阶段，预估其所需费用与日本的费用相当，大约为 200 亿元，另外假定每个地表设施可服务于 4 个钻井群，每个钻井群布置 100 个钻井，则每个地表设施可服务 400 个钻井，对应的每个钻井所占的费用为 5 000 万元。

7.3 钻井与完井

钻井的成本会由于至少两个原因而具有极大的差异性（注：“钻井”应包含钻井、下套管、固井、取心、测井、测试以及完成钻井时的所有活动）。首先是不同的钻井配置要求的变化：同一地区的第一个钻井取心和测试所耗费的时间远大于该地区后续钻井所需的耗时；另外还有可能为了现场评估需要而设置较小孔径钻井以进行调研工作，而这些不同设计方案之间的差异对成本必然产生显著的影响。

总体而言，钻井的成本在现阶段是不可预知的，因为许多钻井性能指标在不同钻井之间存在差异，有时甚至在同一钻井的不同深度之间亦存在较大的差异。下文指出了对钻井成本产生主要影响的主要影响因素：

（1）钻井设计

钻井设计采用“自下而上”的工艺流程。废物处置区的预期深度决定了钻井的总长度，废物容器的尺寸决定了钻井底部的直径—处置区上部的剖面形态，根据钻井或地质因素要求进行迭代并逐步增大的套管进行设计，进而可设计出该区域钻井的截面。然而，由于处置废物容器需要较大直径，套管和固井产生相对较大的成本份额，如果具备减少一组套管的能力必然产生重大影响。

（2）定向钻井

钻井轨迹准则中规定了定向钻井的要求，钻井在处置区内保持所需的某一最小间距，这是对成本产生重要影响的因素。如果没有关于上述要求的选项，通常会采用方法中的一部分选项以满足那些要求。所选定的方法可能对钻井成本和能否成功满足定向目标产生很大的影响。

（3）钻井风险

“故障”是指钻井作业期间从次要意外（少量井漏）到主要意外（底部钻具组件困在钻井内和钻杆扭断）等多种意外事件的通用名称。在某些情况下，相同或相似地层的经验暗示将可能发生特定类型的故障，然而在某些时候，发生的故障却完全出乎意料。因此，很难准确估计出故障的预算，然而一个良好的经费预算必须包含一些应急费用，此类经费预算的定额通常占总预算的 10%～15%左右。

（4）钻进速度（ROP）

许多钻井成本具有时间依赖性，这主要与钻井设备的租金和服务公司费用有关，因此，很显然任何加速钻井进度（应该在不牺牲安全性、井眼稳定性或定向路径前提下）的因素都是有益的。在不熟悉的地层钻进，通过使用新的钻头设计来优化性能并不是容易的事情。对于任何钻头/地层组合方式，容易改变的三个参数为转速、钻头重量（WOB）和水力学参数（喷口尺寸和流速组合），前期通常需要进行一些试验来确定以上参数的最佳组合方式。在相同地层中，在相同钻井尺寸和底孔装配条件下，探边井/对比井的钻头性能数据通常非常有用。

（5）钻头和工具寿命

以上大部分关于钻进速度（ROP）的说明适用于钻头和工具寿命。当然，延长工具寿命意味着可以避免或延长钻头或其他设备组件的更换费用，但同时，如果可以消除起下钻的话，还可以进一步地节约时间。随着钻井的进一步加深，起下钻的所需的时间将会更长，起下钻时间的影响也会变得越来越突出。对钻头和工具寿命影响最大的三个因素为岩性、钻井参数（包括井眼轨迹）和底孔组件的设计。钻井工程师基本上无法控制岩性，但是有时可通过改变后两个因素以达到显著提高效率的目的。

在给出上述说明情况下，给出了以下两个钻孔配置的成本估算。使用大部分直接成本的行业平均值进行极为粗略的估算以显示不同钻井配置对费用的影响。钻头性能（钻进速度和钻头寿命）假设相对保守，各项估算中包含 15%意外事故。在本次成本分析中假设所有的钻孔均无故障。方案 A 中初始钻孔所需所有取心、测井和测试，方案 B 中则不包含测井和钻杆地层测试的钻井时间成本，这两个钻孔均不包括向这些工程的服务公司支付的额外费用。需要说明的是，这两个钻孔成本均不包括取芯的成本，该项工作由研发过程中所开展的科研钻探来完成。以下是提供估算的两个钻孔配置，见表 7.3－1 和表 7.3－2。

表 7.3－1　钻孔测井和试井

钻孔测井或试井程序	间隔或频率	方案 A	方案 B	测井或试井目的
钻孔井径测井	整个钻孔	是	否	定位钻孔崩落，评估钻井稳定性以及下套管的间隙
射线测井	整个钻孔	是	否	确定岩性
电阻率测井	整个钻孔	是	20"	确定岩性
自然电位测井	整个钻孔	是		确定岩性
井温测井	整个钻孔	是	否	确定地温梯度，定位地下水流入和流出
中子孔隙度测井	整个钻孔	是	否	确定孔隙度
地层微成像测井	初始钻井中为整个钻孔，后续钻井中为废物处置区	是	21"	确定断裂的位置、方向、间隔和孔径，确定垫层和叶理的方向
各向异性剪切波速测井	整个钻孔	否		估计水平应力中的各向异性
取芯	每 500 m 深度，或每出现一次岩性重大改变，钻取一块 20 m 岩芯	否	否，12.25"以上非常昂贵	获取矿物学、岩石物性、地球化学、机械、热力和水文测试的岩芯

续表

钻孔测井或试井程序	间隔或频率	方案 A	方案 B	测井或试井目的
钻屑测井： 岩性和抽样	整个钻孔	是	否	在钻井时确定岩性，获取岩石学和地球化学测试的连续样品
钻杆试验： 关井压力和流体取样	每 1 000 m 的深度进行一次	否	否	确定垂直水力梯度，获取盐度和地球化学测试的地下水样
钻杆测试： 泵试验	废物处置区中每 500 m 的深度进行一次	否	否	确定按体积平均渗透率和蓄水系数

表 7.3－2　预期钻井、下套管和完井成本　　成本单位：元

钻井设计	方案 A	方案 B
中间成本		
钻井时间成本	55 650 000	36 612 500
起下钻时间成本	44 287 500	22 937 500
钻头成本	28 956 250	13 150 000
其他 BHA	14 481 250	6 575 000
泥浆成本	12 993 750	7 406 250
套管成本	35 825 000	35 825 000
固井时间成本	5 931 250	5 931 250
固井材料成本	17 550 000	17 550 000
故障时间	0	0
故障成本	0	0
定向钻井	11 062 500	7 131 250
测井时间	6 043 750	6 043 750
测井服务	1 500 000	1 500 000
井口时间	1 687 500	1 687 500
其他费用	15 112 500	0
总中间成本	251 081 250	162 350 000
附加成本和时间		
进场/出场	7 500 000	7 500 000
现场准备、地下室、导管	750 000	750 000
开钻前工程	2 250 000	2 250 000
套管悬挂器、带孔短节、封隔器	3 750 000	3 750 000
井口装置	3 750 000	3 750 000
意外开支（15%）	37 662 500	24 350 000
总钻井成本	306 743 750	204 700 000
总项目时间（天数）	211.0	140.0

7.4 废物容器及其装载

基于美国电力研究学会（EPRI）（1990）和能源部（DOE）（1993）关于核燃料密集化的详细研究工作，估算了乏燃料组件的拆除成本。这些燃料拆除成本在人民币 20 元/kg HM（2009）到人民币 77 元/kg HM（2009）范围之间。较低的成本估算对应可能在集中存储设备运行的大型设施；较高的成本估算适用于小规模设施的燃料密集化操作（例如：反应堆现场的燃料池）。表 7.4－1 所示的成本估算假设乏燃料组件的拆卸成本较高，从 17×17 PWR 燃料组件拆除共计 268 根燃料棒，假定每个废物容器处置共计 367 根燃料棒。鉴于燃料组件拆卸和废物容器装货费在总成本中占据主导地位，集中存储和处理设施可能降低上述相关的费用，进而会大幅降低总成本。

装载废物后，可能在钢管内部的开放端实施废物容器塞的远程焊接。鉴于这些焊接操作的专业性质以及需要定制特定的机器设备，该程序的成本估算存在较大的不确定性。同样，废物装载后，还可能需要采用专业的方法进行废物容器周围强 γ 辐射场的焊接效果检查。应在装载废物前进行第一个容器塞的焊接和检查，这可能大幅降低成本。表 7.4－1 所示的成本估算中，粗略估计每个废物容器的焊接费用和焊缝检测费用均为 7 500 元。

表 7.4－1 估算的废物容器和装载费用 单位：元

项目	每个废物容器的成本	每钻井的成本
废物容器材料	58 125	23 250 000
螺纹切削	7 500	3 000 000
泰纳瑞斯 Blue 系列连接	3 750	1 500 000
燃料组件拆卸和废物容器装载	58 750	23 500 000
废物容器焊接	7 500	3 000 000
焊缝检测	7 500	3 000 000
合计	143 125	57 250 000

7.5 废物放置操作和用料

废物放置操作的相关成本包括废物容器的表面处理、在钻孔顶部进行废物容器串的组装、将废物容器串放置到废物处置区、在各个废物容器串之间设置桥塞和水泥塞。废物放置操作成本的大部分花费在时间成本上。

注意，废物容器运输的估算成本不属于本次工作研究范围，在此不作分析。运输成本是高放废物处置系统中重要的经济组成部分。然而，核电厂或燃料集中存储设施与深钻孔处置场的距离不同，运输成本也迥然不同。

表 7.5–1 所示的估算成本是基于多项基本假设和估算。假设采用同样的深钻机用于废物放置操作，估计日常 24 h 钻井费用为 562 500 元。据估计，废物运输容器可从卡车上垂直卸下，放置于钻孔上方，并以每小时两个废物容器的速度将废物容器系于废物容器串上。该运行速度的前提是废物容器可现场使用并已经进行了大量必要的试验，能够高效装载至钻井。成本分析中假定下列操作需要分别在钻孔下钻和起钻各 10 次：（1）放下废物容器串；（2）安装桥塞；（3）安装水泥塞。本次工作假设使用钻杆在钻孔处起钻和下钻（速度为 1 000 ft/h，305 m/h）以下放废物容器，使用钻井泵来放置水泥塞，并使用更快速的钢丝绳方法（速度为 6 000 ft/h，1 830 m/h）来安装桥塞。桥塞和水泥塞的材料成本粗略估计为每组 75 000 元，在每个钻井的废物处置区需放置十组桥塞与水泥塞。

表 7.5–1　废物容器放置估算成本　　　　成本单位：元

项目	设备作业时间/h	每孔成本
表面处理和废物容器串组装（组装应该需要专门的设备）	200	4 687 500
J 型槽组装	—	1 012 500
废物容器串放置	240	5 625 000
桥塞放置	60	1 406 250
水泥塞放置	300	7 031 250
桥塞和水泥材料	—	750 000
合计	—	20 512 500

7.6　钻孔密封操作和用料

废物处置区域上方钻孔的密封成本包括放置操作的作业时间和材料成本。尽管处置区无套管密封区膨润土密封的精确设计还尚不明确，但可假设使用钢丝绳方法在每 50 m 放置 5 m 膨润土密封段，并在钻孔处对各区段进行起钻和下钻操作。用钻杆放置水泥塞，并将回填材料直接从钻孔孔口处放置。钻孔密封的估算成本如表 7.6–1 所示。

表 7.6－1　钻井密封估算成本　　成本单位：元

项目	设备作业时间/h	每孔成本
下部无套管密封及堵塞区		
切割和拉伸套管	20	468 750
水泥塞放置	146	3 421 875
水泥塞材料	—	5 756 250
膨润土密封放置	57	1 337 500
膨润土密封材料	—	350 000
回填放置	20	468 750
回填材料	—	58 750
上部有套管密封及堵塞区		
桥塞放置	8.5	199 375
水泥塞放置	44	1 031 250
水泥塞材料	—	4 725 000
回填放置	20	468 750
回填材料	—	106 250
合计		18 392 500

7.7　监测费用

高放废物处置的监测费用主要用于对处置库性能以及处置库周围环境数据的获取和分析等活动，以及对监测设施运行的维护活动，并且包括相应产生的人员费用，备件和消耗品的费用。处置库监测的费用与处置库的规模、监测的年限等息息相关。

通过参考美国和日本等国家的监测费用，在本次成本估算中假定每年监测 4 个钻孔群，即 400 个钻井的费用为 18 750 万元，监测周期参考国外数据，美国处置库的监测阶段预计从 2074 年持续到 2123 年，共 50 年，在本文中假定我国处置设施的监测年限亦为 50 年时间，则监测费用总计 94 亿元，相应的每个钻井平均的监测费用为 2 343.75 万元。

7.8　退役费用

高放废物处置关闭阶段涵盖了处置项目运营的最后阶段，此阶段的工作主要为消除污染和地面设施的退役，建筑物的拆除等。在此阶段的成本包括撤出仪器、地面设施的去污和退役、设立警戒标志等。

高放废物处置退役成本与处置规模息息相关，参考美国和日本处置库设施退役费用，初步假定我国的高放废物处置退役费用为 41 亿元，相应的每个钻井平均的监测费用为 10 156 250 元。

7.9 项目管理费用

高放废物处置项目管理成本的组成包括除上述各成本之外的其他成本，如质量保证、项目管理、预备费用等内容。

参考各国的处置规模和项目管理费用的组成，并结合我国核工程项目的特定情况，确定我国服务于四个钻孔群的处置设施的监管费用为200 亿元，相应的每个钻孔平均的监测费用为 5 000 万元。

7.10 小　结

本章主要对深钻孔处置系统的各个主要元素（不包括废物的运输的成本与进度）进行初步估算。由于处置系统中可能采用其他设计方案，故而在任意特定时间钻孔施工成本均具有内在不确定性、试验和场址评价审管要求的不确定性，以及相关工程和运行实践的特殊性，这也导致了成本和进度分析存在极大的不确定性，尽管如此，本次的成本和进度分析构成了迄今为止最全面的材料，提供了处置系统各元素间相对成本的比较依据，并给出了方案 A（初始钻井）和方案 B（后续钻井）成本的粗略估算。需要说明的是，本报告分析的成本相对较高，因为在参考设计中存在多处保守假设且缺乏对设计和作业步骤的正式优化，且随着工作的熟练程度的提高可进一步降低后续钻井的成本。

在本次进度分析中，现场钻井、钻井完井、废物放置和钻孔密封操作的估算总时间约为 104～210 天，此估算值是基于各运行阶段连续不间断的操作假设而给出的。特别的是，在本进度计划假设在 800 h（33 天）的废物容器放置期内，以用于从卡车运输容器中连续卸下已装废物容器。

表 7.10－1 所示成本估算是针对全尺寸处置钻井的，方案 A 包括了现场的钻井测井和试验的费用，而方案 B 则不包括现场的钻井测井和试验。正如所料，钻井和钻井建造占据了大部分的费用；废物容器和已用核燃料装载是第二大成本支出。废物放置和钻孔密封

的成本相对较少，且大致相同。本文假定钻孔采用压水堆燃料棒废物装载设计，且预计每个钻井需处理 400 个废物容器，单孔所处理的重金属（HM）总质量约为 253 t。本次估算的处理成本约为 176～216 万元/t HM，我国《核电站乏燃料处理处置基金征收使用管理暂行办法》（财综［2010］58 号）明确规定了征收用于处置核废物的费用标准为 0.025/kW·h，约等于 1 000 万/t HM 废物。因而所需的处置费用完全可以被核废物基金所囊括。

表 7.10－1　系统估算成本　　单位：元

项目	方案 A 每孔	方案 B 每孔
研发费用	10 000 000	10 000 000
地表设施费用	50 000 000	50 000 000
钻井、套管和钻井完井	306 743 750	204 700 000
废物容器和装载	57 250 000	57 250 000
废物容器放置	20 512 500	20 512 500
钻井密封	18 392 500	18 392 500
监测费用	23 473 500	23 437 500
退役费用	10 156 250	10 156 250
项目管理费用	50 000 000	50 000 000
合计	546 528 500	444 448 750
单位成本（万元/t HM）	216	176

表 7.10－2 给出了国外一些国家高放废物采用矿山式处置的成本估算，从表中可以看出高放废物矿山式处置的单位处置成本在 388～544 万元/t HM。初步分析认为，深钻孔处置在处置费用上优于矿山式处置（需要指出的是，这些成本分析并不能准确估算出深钻孔处置所需的资金，只是基于现有的认知进行的粗略框算，旨在为深钻孔处置提供一种借鉴参考，而不能作为最终的依据）。

表 7.10－2　国外一些国家高放废物矿山式处置的成本

国家	处置对象	数量	估算的总成本	单位成本（万元/tHM）
日本	后处理的固化体	54 000 tHM	27 489 亿日元 28 610 亿日元	388 400
瑞士	后处理的固化体或固化体＋乏燃料	共 3 000 tHM，1 200 tHM 已确定后处理，其余待定	29 亿瑞士法郎	466
英国	后处理的固化体＋乏燃料	约 10 620 tHM，4 700 t 乏燃料，7 400 罐固化体	50 亿英镑	493

8

结论与未来研发建议

8.1 主要结论

深钻孔处置与矿山式处置相比，在处置工艺与技术成熟度上存在差别，根据我国技术发展现状（表 8.1－1），深钻孔处置在处置一些危害性高、体积小且回取要求不高的高放废物上，与矿山式处置接收一些大体积、可回取高放废物各有优势，深钻孔处置技术的突破，有助于我国根据实际情况选择适宜的处置方式，优化高放废物处置策略制定与整体布局。

表 8.1－1　我国深钻孔处置与矿山式处置技术发展现状对比

	深钻孔处置	矿山式处置
处置区深度	3～5 km	300～1 000 m
处置围岩要求	花岗岩	花岗岩、黏土岩
技术成熟度	4～5 km 深井钻探技术相对成熟，但尚无该深度下的大直径深井工程经验，需通过示范工程进行验证	花岗岩场址即将开始地下实验室建设工作；黏土岩场址处于早期工作阶段
可处置废物类型	处置段孔径在 0.4～0.8 m 之间，适于整备后直径较小的废物，如乏燃料、玻璃固化体	无高放废物尺寸、形状限制
建设运行周期	单条处置孔的建设、接收、密封可在 1 年内完成，对周围环境扰动小，一次投资少，后期维护监视成本低	可持续百年时间，对周围环境扰动大，建造、运行成本高
可回取性	钻孔密封后的回取难度大	可保证百年尺度的回取

对本书中的深钻孔处置初步概念设计及技术可行性分析结果总结如表 8.1－2 所示。

表 8.1－2　深钻孔处置初步概念设计

处置策略与处置系统组成	初步概念设计及评估
处置围岩及场址类型	初步考虑西北地区花岗岩场址（上覆 200 m 花岗岩盖层）
处置深度	处置孔深度 5 km，其中 0～3 km 为密封回填段，3～5 km 为废物处置区
处置对象	压水堆乏燃料、高温气冷堆乏燃料、重水堆乏燃料、MOX 乏燃料与玻璃固化体
处置工艺	处置孔完井→废物放置→密封回填
处置孔结构设计	一开：钻进至 0.2 km，水泥固井（开孔孔径乏燃料处置孔 0.95 m，玻璃固化体处置孔 1.25 m） 二开：钻进至 1.5 km，水泥固井（开孔孔径乏燃料处置孔 0.70 m，玻璃固化体处置孔 0.91 m） 三开：钻进至 5.0 km，悬挂固井（开孔孔径乏燃料处置孔 0.52 m，玻璃固化体处置孔 0.71 m）
处置孔施工工艺	钻井方法：井下动力钻井法，扩孔成井 钻机：在现有万米基础上进行改进 钻头：PDC 钻头 钻杆与套管：在现有钻具基础上对尺寸进行定制 井斜控制：垂钻控制系统，井斜控制在 2° 以内 井控装置：对现有井控系统进行升级改进 钻井液：钻井过程中选择常规的深井耐高温高压钻井液 处置容器放置过程中选用合成油基泥浆 对泥浆泵进行升级改造使之适用于大孔径 固井：1.5 km 以上水泥固井，1.5 km 以下悬挂尾管固井 钻井平台：在现有深井钻井平台基础上进行改进
处置容器设计	容器材料：API 标准 K55 钢 容器壁厚：乏燃料容器 35 mm，玻璃固化体容器 55 mm 容器尺寸：燃料容器外部直径 350 mm，长度 4 840 mm 玻璃固化体容器外部直径 430 mm，高 1 340 mm
处置容器放置	放置方法：钻杆放置 单次个数：乏燃料 40 一组 玻璃固化体 10 个一组
处置孔封填	废物处置区（3～5 km）：保留花管，灌注水泥浆 密封区下段（1.5～3 km）：提出花管，水泥塞、水泥浆、压载物 密封上段（1.5 km 以上）：API 型封塞、水泥浆
处置孔平面布置	间距 150～160 m
热学计算结果	处置围岩最高温度位于钻井底部 废物（玻璃固化体）释热对围岩影响范围小于 40 m 1、3、6 年的最高温度分别为 191 ℃、198 ℃和 199 ℃
安全评价结果	0.045 mSv/a
处置成本	方案 A（测井）：216 万元人民币/tHM 方案 B（不测井）：176 万元人民币/tHM
单孔处置进度	方案 A（测井）：257 天 方案 B（不测井）：186 天

根据研究成果，深钻孔处置通过深度的成倍增加提高对高放废物的安全隔离度，具有废物释热量容许度高、模块化、灵活等特点，随着现有技术的发展在安全性或可行性方面没有根本性缺陷，可作为我国高放废物深地质处置的重要备选方案，进一步开展更为深入

的研发工作。

8.2 未来研发建议

结合以上工作成果，对我国发展深钻孔处置的研发重点建议如下：

（1）场址筛选

我国开展深钻孔处置的场址范围可考虑围绕西北地区花岗岩场址进行展开，可进一步收集该区域气象、水文、地质、构造、地震、人口分布等场址资料，尤其是花岗岩分布范围与深度资料、深部 2～3 km 地质条件资料，确定深钻孔处置可用的场址调查方法（重力、磁法、电法、地震勘探、测井等），为更进一步的场址筛选提供基础数据支撑。同时，考虑深钻孔选址灵活性特点，在核设施附近配套建设深钻孔处置同样具有可行前景。

（2）处置孔设计优化及处置工艺详细设计

目前提出的乏燃料与玻璃固化体处置孔结构设计，为在简单概化地层基础上的初步设计，随着研究工作的深入，应结合重要候选场址的围岩、地下水分布、地应力特征、构造发育等条件对现有处置孔设计进行优化完善。

在处置工艺方面，需对现在选定的处置容器选择与设计、钻杆放置、分段回填技术等进行更为综合的评估，注重与其他参考方案的可实现性、效率、安全与经济性对比，给出更为详细的处置工艺设计。

（3）处置孔施工工艺设计

在处置孔施工工艺方面，应进一步论证现有技术与设备在深钻孔处置中的适用性与研发、改进需求，提出更为详细的钻机、钻具改进/设计方案与材料、尺寸标准，确定可使用的施工技术、钻井垂直度控制技术、注水泥技术与具体操作流程。

（4）开展更为全面的计算评估

具体包括处置孔围岩稳定性计算，对钻孔变形进行分析模拟；处置容器力学稳定性计算，分析容器材料选型及结构设计是否可以满足处置操作需求；处置区废物释热阶段的热驱水计算，分析释热对处置区水流的驱动力及造成的水流运动特征；更为详细的核素迁移计算模型，利用放射性废物处置安全评价常用的库室模型软件，对不断更新的研究成果进行集成，建立更加符合客观实际的核素迁移计算库室模型，提高计算准确度；结合完善后的处置设计，对处置进度与处置成本进行综合评估。

（5）处置孔关闭后的监测、监视及管控方案研究

深钻孔处置不同于矿山式处置，其关闭后的监测监视需求相对较小且监测监视难度大，因此，需对处置孔关闭后的监测监视方案、标准、布置原则等展开研究，并就关闭后处置场地的管控策略进行论证。

此外，需要注意的是，工程验证同样为深钻孔处置实施的重要一步，深钻孔处置的系统研发工作与矿山式相比起步较晚，除美国外，其他国家的研究力量相对分散，使深钻孔置技术在可行性验证方面的需求更为迫切此，因此建立良好的国际合作团队，集中力量与资金开展共同研发工作，是未来继续有效推动深钻孔处置技术发展的一条行之有效的解决方案。

参考文献

[1] Disposal Subcommittee Report to the Full Commission，Blue Ribbon Commission on America's Nuclear Future [R]. 2012.

[2] Generic Deep Geologic Disposal Safety Case [R]. SAND2013－0974P，Sandia National Laboratories，2013.

[3] Ethan Allen Bates，Optimization of Deep Boreholes for Disposal of High－level Nuclear Waste [D]. MIT，2015.

[4] Deep Borehole Disposal of High－Level Radioactive Waste [R]. SAND2009－4401，Sandia National Laboratories，2009.

[5] Reference Design and Operations for Deep Borehole Disposal of High－level Radioactive Waste [R]. SAND2011－6749，Sandia National Laboratories，2011.

[6] Feasibility of Lateral Emplacement in Very Deep Borehole Disposal of High Level Nuclear Waste，Jonathan Sutton Gibbs [R]. 2010.

[7] E. A. Bates. A drop－in Concept for Deep Borehole Canister Emplacement [D]. Massachusetts Insitute of Technology，2012.

[8] Beswick J. Status of Technology For Deep Borehole[R]. NDA deep disposal report Rev7，2008.

[9] Beswick J，Gibb G.F.，Travis P. Deep Borehole Disposal of Nuclear Waste：Engineering Challenges [J]. Proceeding of the Institution of Civil Engineers 7，2013.10.

[10] Storge of Nuclear Waste in Very Deep Boreholes：Feasibility Study and Assessment of Economic Potential [R]. SKB，1989.

[11] Project on Alternative Systems Study（PASS） Final Report [R]. SKB，1992.

[12] Choice of Method－Evaluation of Strategies and Systems for Disposal of Spent Nuclear Fuel [R]. P－10－47，SKB，12010－10.

[13] The Deep Borehole Concept：A Conceptual Model for Gas Generation and Gas Transport [R]. SKB，2014.

[14] Final Deposition of High－level Nuclear Waste in Very Deep Boreholes[R]. MKG，2006.

[15] Jungmin KANG. An Initial Exploration of the Potential for Deep Borehole Disposal of Nuclear Wastes in South Korea [J]. Nautilus Institute－ARI，2010.12.

[16] Sung－Hoon Ji，Yong－Kwon Koh and Jong－Won Choi，The State－of－the Art of the Borehole Disposal Concept for High Level Radioactive Waste [J]. J. of the Korean Radioactive Waste Society，P55－62，2012.

[17] Jongyoul LEE，Minsoo LEE，Heuijoo CHOI，etc.，Preliminary Analyses of the Deep Geoenvironmental Characteristics for the Deep Borehole Disposal of High－level Radioactive Waste in Korea [J]. 2016.

[18] Guido Bracke，Frank Charlier，Axel Liebscher，Frank R. Schilling and Thomas Röckel. About the Possibility of Disposal of HLRW in Deep Boreholes in Germany [J]. Geosciences，2017.7，58.

[19] Sven Bader. 关于深钻孔处置优点的讨论——特别是结合了乏燃料的循环利用 [J]. 放射性废物管理与核设施退役，2016.03.

[20] T. Tokunaga. Consideration of the Possibility of Deep Borehole Disposal in Japan [R]. 2013.

[21] 相秀娟，章英杰. 高放废物的深钻孔处置研究进展 [C]. 中国核学会核化工分会放射性三废处理，处置专业委员会学术交流会论文集.2011.

[22] 徐国庆. 高放废物深钻孔处置的可行性研究现状 [C]. 第 5 届废物地下处置学术研讨会论文集.2014.

[23] 李诗颖. 深部钻井处置模型衰变热及压力的仿真计算分析 [D]. 成都：成都理工大学，2016.

[24] Deep Borehole Disposal Research：Demonstration Site Selection Guidelines，Borehole Seals Design，and RD&D Needs [R]. Sandia National Laboratories，2013.

[25] 王驹. 国家首座高放废物地质处置地下实验室候选场址初步筛选 [J]. 2015.

[26] 郭永海，王驹，肖丰，等. 高放废物处置库甘肃北山预选区地下水的形成 [J]. 高校地质学报，2010，16（1）：13－18.

[27] 任凯杰. 北山预选区芨芨槽块段机械开挖地质环境条件研究 [D]. 2013

[28] 郭永海，王驹，萧丰，等. 高放废物处置库北山预选区地下水同位素组成特征及其意义 [J]. 地球学报，2008，29（6）：735－740.

［29］田宵，王驹，金远新，李杰彪. 高放废物地质处置北山预选区旧井和新场花岗岩填隙方解石同位素地球化学［J］. 铀矿地质，2014，30（1）：23–30.

［30］周志超. 高放废物处置库北山预选区深部地下水成因机制研究［R］. 2014

［31］郭永海，王驹，吕川河，刘淑芬，苏锐，宗自华. 高放废物处置库北山预选区深部地下水化学特征［J］. 中国地质学会2009年学术年会论文，2009.

［32］赵星光，王驹，马利科，苏锐，金远，陈群策，安其，秦向辉. 高放废物地质处置库北山预选区新场岩体地应力场分布规律［J］. 岩石力学与工程学报，2014，33（增2）：3750–3760.

［33］牛琳琳. 核废料处置场址预选区地应力测量研究［R］. 2015

［34］李百祥，施孝. 甘肃省盆山构造格局对地温场分布及地热资源类型的控制［J］. 86–93.

［35］邱爱美，李百祥. 甘肃省地温场特征及地热资源分布类型［J］. 甘肃地质，2009，18（2）：58–62.

［36］杨春和，王贵宾，王驹，殷黎明，冒海军. 甘肃北山预选区岩体力学与渗流特性研究［J］. 岩石力学与工程学报，2006，25（4）：825–833.

［37］陈亮，刘建锋，王春萍，王锡勇，苏锐，王驹，邵建富. 北山深部花岗岩弹塑性损伤模型研究［J］. 岩石力学与工程学报，2013，32（2）：289–298.

［38］王永江，耿树方，李长江. 北山大地构造深部成因与浅部成矿特征遥感综合分析［J］. 2009，36（3）：714–727.

［39］刘月妙，王驹，蔡美峰，谭国焕. 高放废物处置北山预选区深部岩石物理力学性能及长期性能研究［J］. 中国岩石力学与工程学会踱物地下处置专业委员会成立大会暨首届学术交流大会论文集.

［40］侯明勋. 深部岩体三维地应力测量新方法、新原理及其相关问题研究［J］. 岩石力学与工程学报，2004，23（24）：4258–4258.

［41］宋嶽，边建峰，贾国臣. 深部原始地应力特征与预测方法［J］. 水利水电工程设计，2009，28（4）：42–45.

［42］施强. 河南文峪金矿东闯矿床深部地质特征及找矿方向［J］. 西部探矿工程，2013.

［43］李金标. 白水江青龙水电站引水隧洞隧址区花岗斑岩深风化机理及工程效应研究［D］. 成都理工大学，2013.

［44］张玉亭. 煤层地应力形成机制及分布规律研究［D］. 青岛：中国石油大学（华东），

2012.
［45］孟祥钰. 杏 71 井区扶杨油层地应力分布特征研究［D］. 大庆：东北石油大学，2015.
［46］于成伟. 夹皮沟金矿田北沟金矿床深部地质特征与控矿因素分析［J］. 甘肃冶金，2015.
［47］铁健康. 小秦岭文峪金矿床深部地质特征及成矿规律［J］. 山东国土资源，2015.
［48］汪亮. 龙首矿西部贫矿体采矿方法优选研究［D］. 昆明：昆明理工大学，2008.
［49］仇东东. 陕西省松树沟铬铁矿床成因与成矿预测研究［D］. 西安：长安大学，2015.
［50］屈伟. 贵州岩溶地区矿山超深开采矿坑涌水量预测研究——以开阳磷矿沙坝土矿区为例［D］. 贵阳：贵州大学，2010.
［51］古娜. 蜀南地区须家河组砂岩储层致密化成因机制研究［D］. 成都：成都理工大学，2015.
［52］黄礼. 川西须家河深层气井完井方法优选研究［D］. 成都：西南石油大学，2015.
［53］胡金山. 江西省德兴市西蒋金矿床深部地质特征［R］. 第十三届华东六省一市地学科技论坛，2015.
［54］CHASHMA Nuclear Power Plant Unit－3 & Unit－4 Preliminary Safety AnalysisReport［R］. Chashma.，2010.
［55］KAZARIN V.KEDROV. TIANWAN NPS Units3&4 Preliminary Safety Analysis Report［R］. Chapter4，2011.
［56］The Nature and Prupose of the Post－closure Safety Case for Geological Disposal Repositories，NEA，2013.
［57］AMBER and Ecolego Intercomparisons using Calculations from SR97［R］. SKB，2003.